OUR UNIVERSE

An Astronomer's Guide

群星的法则

普林斯顿天文学家的宇宙通识课

[英] 乔·邓克利 著　　Jo Dunkley

罗妍莉 译

海峡出版发行集团 | 海峡书局
THE STRAITS PUBLISHING & DISTRIBUTING GROUP

图书在版编目（CIP）数据

群星的法则 /（英）乔·邓克利著；罗妍莉译. --
福州：海峡书局，2022.6（2024.8重印）
　书名原文：Our Universe
　ISBN 978-7-5567-0963-2

　Ⅰ.①群… Ⅱ.①乔… ②罗… Ⅲ.①宇宙—普及读
物 Ⅳ.①P159-49

中国版本图书馆CIP数据核字(2022)第072073号

Our Universe: An Astronomer's Guide
by Jo Dunkley

著作权合同登记号：图字13-2022-040号

出 版 人：林彬
责任编辑：廖飞琴　潘明劼
封面设计：@吾然设计工作室

群星的法则
QUNXING DE FAZE

作　　者：	（英）乔·邓克利
出版发行：	海峡书局
地　　址：	福州市白马中路15号海峡出版发行集团2楼
邮　　编：	350004
印　　刷：	三河市冀华印务有限公司
开　　本：	787mm×1092mm　1/16
印　　张：	14.5
字　　数：	180千字
版　　次：	2022年6月第1版
印　　次：	2024年8月第4次印刷
书　　号：	ISBN 978-7-5567-0963-2
定　　价：	58.00元

关注未读好书

客服咨询

献给我的女儿

目 录

引言

在晴朗的夜晚，我们头顶的天空美得动人心弦，不仅挂满繁星，还洒满了皎洁、变幻的月光。周围越暗，我们能看到的星星也就越多，从几十、几百颗到上千颗。我们可以识别出天上熟悉的星座图案，看它们随着地球的自转在天空中缓缓移动。我们能看见的最明亮的光来自行星，在恒星组成的背景衬托下，它们夜复一夜地改变着方位。大多数星星的光芒看起来都是白色，但我们即便用肉眼观测，也能发觉火星微红的色调，以及如猎户座中参宿四等恒星发出的红光。在最为澄澈的那些夜晚，我们可以看到银河的光带，在南半球还能目睹大、小麦哲伦星云发出的两抹微光。

除了美学上的魅力，长久以来，在世界各地，夜空还一直是人类心目中的奇迹和神秘之源，激发着人们去思考：行星和恒星究竟是何物？位于何处？在头顶的天空呈现出的更为恢宏壮阔的图景中，地球上的我们又处于何种地位？天文学的宗旨就是要为这些问题寻找答案，它是最古老的科学学科之一，自古希腊以来就一直在哲学探究中占据着核心位置。天文学的字面意义是"群星的法则"，它是对地球大气层之外一切事物的研究，也是对这些事物为什么会有如此表现的探索。

千百年来，人类早就在以某种形式进行天文学方面的实践，我们对夜空中的图案和变化加以追踪，并试图理解其中有何规律。在人类历史的大部分时间里，天文学一直局限于研究那些肉眼可见的天体，例如月球、太阳系中那些明亮的行星、相距不远的恒星，以及某些转瞬即逝的过客，比如彗星。在400年之前，人类已经能够借助望远镜更深入地观测太空，这开阔了我们的视野，让我们得以研究其他行星周围的卫星、远比肉眼可见的亮度更为昏暗的恒星，以及恒星诞生时的气体云。20世纪时，我们已经放眼于自身所在的银河系之外，从而得以发现众多星系，并对其加以研究。在过去的短短数十年里，望远镜及用于抓拍照片的摄像头在技术上都取得了发展，于是天文学家便将我们的天文视野进一步推向了更远的地方。如今，我们可以观测到数以百万计的星系，研究诸如爆炸的恒星、坍缩而成的黑洞和相互碰撞的星系等现象，并能在其他恒星周围发现全新的行星。与此同时，现代天文学仍在继续为千百年前那些古老的问题寻觅答案：我们是如何在地球上出现的？我们在比地球更为宏大的家园中处于怎样的地位？地球在遥远的将来会有怎样的命运？其他行星上是否可能有不同形式的生命存在？

　　已知最早的天文记录是以雕刻骨棒的形式记录了月亮的月相变化，有超过两万年的历史，在非洲和欧洲被当作古代历法来使用。考古学家在爱尔兰、法国和印度等国均发现了五千年前的洞穴壁画，其中记录了在天空中发生的不寻常事件，包括月食、日食及突然出现的明亮星体。也有某些古代遗迹的年代可以追溯到那一时期，包括英国的巨石阵，它可能被当时的人们用作天文台，来观测太阳和星星。在天文学方面年代最早的书面记载来自苏美尔人及后来生活在美索不达米亚（位于今伊拉克及附近地区）的巴比伦人，其中包括最早的星表——早在公元前12世纪左右就被刻在泥板上。在公元前数百年间，中国和希腊的天文学家也颇有作为。

　　虽然这些最早的天文学家仅仅用肉眼作为观测工具，但早在公元前数百年，巴比伦人已经可以辨别出移动的行星，将其与固定不动的恒星背景区分开来，并夜复一夜地将它们的位置仔细绘制成图。他们开始系统性地撰写天文学日记，从而发现了行星运动及夜空中发生某些特殊事件（比如月食）的一般规律。没有人确切地知晓夜空中的这些天体和事件究竟是怎么回事，但他们却可以建立起数学模型，借以预测各行星和月亮会在哪里出现。

尽管取得了这些长足的进步，但关于天体是如何形成的，又是由什么组成的，人们仍旧难以确定。地球和太阳到底哪一个才是万物的中心？许多年后，世人才领悟到，其实两者都不是万物的中心——宇宙并没有中心。公元前4世纪，在包括柏拉图在内的早期希腊天文学家和哲学家的思想基础上，希腊哲学家亚里士多德提出了一个模型，认为地球位于宇宙的中心，有若干亘古不变的同心圆轨道以地球为中心，而太阳、月亮、行星和恒星都在这些同心圆轨道上运行。亚里士多德推测，天空和地球无论在构成还是性状上都不一样，在他的想象中，这些天球是由透明的第五元素"以太"构成的。

公元前3世纪，希腊天文学家阿利斯塔克提出了另一种观点：太阳或许才是万物的中心，是太阳的光辉照亮了月亮。这个"日心说"模型可以更好地解释人们观测到的行星运动及其亮度的变化。虽然时至今日，我们知道这个模型相对较为准确，至少对我们的太阳系来说是如此，但在阿利斯塔克有生之年，他的天文学理念却遭到了否定，需要再过一千多年才为世人所接受。支持"地心说"的人赞同宇宙以地球为中心的观念，他们掌握着一些表面上非常有力的论据。举例来说，假如地球在运动，那我们在运动中的地球上观察的视角也会随之变化，为什么恒星之间的相对位置却没有改变呢？事实上，恒星之间的相对位置确实发生了变化，但由于恒星间的距离极为遥远，所以其相对位置的变化也微不可察。阿利斯塔克虽然提出了这样的猜测，却无法加以证明。

　　错误的"地心说"模型在被克罗狄斯·托勒密采纳后盛行于世。托勒密是公元2世纪的一位学者，生活在罗马人统治下的埃及亚历山大城，备受世人推崇。他撰写了年代最早的天文学书籍之一：《天文学大成》。该书详细描述了由已知恒星组成的48个星座，还包含了若干表格，可以借此来判定行星过去和预测行星未来在夜空中所处的位置，其中有许多内容都取自一份包含近千颗恒星的星表，该星表的编成年代更早，由希腊天文学家希帕克编纂。托勒密在《天文学大成》一书中宣称，地球必定居于万物的中心。由于他具有极大的影响力，所以千百年间，这种思想一直占据着主导地位。在此后的若干年里，《天文学大成》都充当着主要的天文学教科书，并由随后的一代又一代天文学家对其加以扩充。

　　中世纪时期，天文学所取得的进步大多发生在远离欧洲和地中海的地方，尤其是波斯、中国和印度。公元964年，波斯天文学家阿卜杜勒–拉赫曼·苏菲撰写了《恒星之书》，其配有精美的插图，以阿拉伯语书写而成，以星座为单位对恒星进行了详细阐述。该书综合了托勒密所著《天文学大成》中的星表和星座，以及阿拉伯传统天文学中根据星星组成的图案描绘的虚构物体或生物，还首次记载了邻近的仙女星系，当时，该星系被世人视为外观不同于普通恒星的一团光斑。公元10世纪，他的同胞、天文学家阿布·萨伊德·西伊齐提出地球绕轴自转，这与托勒密认为地球固定不动的观点背道而驰。1259年，博学的通才学者纳西尔·艾德丁·图西在今阿塞拜疆的山丘上（当时位于波斯境内）建起了一座研究中心——壮观的马拉盖天文台。这座天文台不仅吸引了本国天文学家，也引来了叙利亚、安纳托利亚和中国的天文学家，他们纷纷在此对行星的运动和恒星的位置进行详细观测。

在16世纪和17世纪，天文学迎来了一场伟大的革命。1543年，波兰天文学家尼古拉·哥白尼出版了《天体运行论》，提出地球除了绕轴自转，还必定与其他行星一起围绕太阳运行。他的观念遭到了罗马教会的强烈谴责，被视作异端邪说。经过众多关键人物的不懈努力，加之多年来取得的全新观测成果，这一观点才最终被世人接受。这一重大进展是伴随着17世纪早期望远镜的发明而取得的。

视觉的产生依赖光。能收入眼中的光越多，能看到的距离也就越远。从某种意义上来说，望远镜就是一个比人眼庞大得多的集光器，让我们得以更深入地观察黑暗的太空，更细致地看清它的各种特征。1609年，意大利天文学家伽利略·伽利雷首次将望远镜对准了天空，他用的是自行制作的一台简单粗糙的望远镜，可以将平时看到的天空放大20倍左右。这已足以让他看木星也有自己的卫星，在木星的任意一边都可以看到若干光点，它们的位置会随其运行而改变。倘若不借助望远镜或现代的双筒望远镜，就看不见木星的卫星，它们的光太过微弱，单凭肉眼是永远无法发现的。

1610年，伽利略发表了有关木星那几颗卫星的观测结果，附上了木星凹凸不平的表面的若干细节，以及他发现的用肉眼看不见的暗淡恒星。上述内容均收录在他广为流传的小册子《星空信使》中。他在书中对哥白尼的观点表示支持，而木星卫星的发现也为他提供了论据：它们可以作为明确的证据，证明确实有不围绕地球运行的天体存在。不幸的是，伽利略的证据并没有说服教会：教会仍然激烈反对哥白尼对宇宙的描述，并对伽利略表示谴责，将他软禁在家中，直至去世。

尽管遭到了教会的反对，但天文学家仍在不断取得进步。1609年，支持哥白尼和伽利略观点的德国天文学家约翰内斯·开普勒证明：所有行星都在沿轨道绕太阳运行，轨道的形状均为椭圆形。他还发现，行星的运行遵循着一种特殊的模式，即行星和太阳的距离与其围绕太阳公转的周期具有相关性，行星距离太阳越远，公转一圈所需的时间就越长，但距离和运行时间的增速并不相同：若行星与太阳的距离变为原先的两倍，那么绕太阳运行所需的时间就变为原先的近三倍。到了17世纪后期，英国物理学家艾萨克·牛顿于1687年出版了知名著作《自然哲学的数学原理》，并在该书中提出了万有引力定律，对上述那种模式做出了解释。他的定律指出，凡是有质量的物体都会对其他物体产生吸引，物体的质量越大，彼此的距离越近，这种引力就越强。如果距离缩短为原来的一半，受到的引力就会增加到原来的四倍，沿轨道运行的时间也会随之缩短。他的定律解释了开普勒观测到的规律，即行星和太阳围绕着共同的质心运行，并表明自然法则在天空中与在地球上发挥着相同的作用。此时，观测结果与理论设想相符了，最终，不同于托勒密"地心说"的"日心说"模型在世界范围内得到了重视。地球确实是围绕着太阳运转的。

19世纪，由于1839年路易·达盖尔发明了摄影术，天文学迎来了第二次革命。在此之前，天文图都只能用手工绘制，这就不可避免地产生了较大的误差。相机不仅能更好地测出天体的位置和亮度，还可以设置为长时间曝光模式，这样相比于肉眼就可以采集到更多光。1840年，英裔美国科学家约翰·威廉·德雷珀拍摄了第一张满月照片。1850年，威廉·邦德和约翰·亚当斯·惠普尔在哈佛大学天文台拍下了第一张系外恒星（包括织女星）的照片。分光镜是在19世纪50年代被发明的，这个装置可以将通过望远镜看到的光按波长的不同区分开（第二章会对此详加阐述）。这些进步使得天文学家有能力为银河系中数量众多的星体编制星表，涵盖的内容包括其位置、亮度和颜色。

到了20世纪早期，天文学家制造出了更大的望远镜，用来观测更遥远的太空。与此同时，我们对物理学的认识也取得了重大进展，如阿尔伯特·爱因斯坦提出了广义相对论，马克斯·普朗克、尼尔斯·玻尔、埃尔温·薛定谔、沃纳·海森堡等人创立了量子力学。这些新的理论帮助天文学家在理解太空中的物体及空间的本质方面取得了重大进展。1923年，埃德温·哈勃发现银河系只不过是宇宙中的众多星系之一；1925年，塞西莉亚·佩恩－加波施金发现恒星主要是由氢气和氦气（我们在第一章、第二章中都会详细了解到它们）构成的。以上都属于广为人知的突破。

20世纪有两项技术进步尤其值得注意，这两项进步都诞生于美国新泽西州的贝尔电话实验室公司，这家研发公司一般被世人称为"贝尔实验室"。第一项重大技术进步是：卡尔·央斯基在1932年发现，来自太空中天体的无线电波是可以观测到的，这就为我们了解宇宙打开了一扇全新的窗。此后，20世纪60年代，这扇窗又进一步扩大，将其他类型的不可见光也纳入了观测范围。第二项重大技术进步则发生在1969年，威拉德·博伊尔与乔治·史密斯共同发明了电荷耦合器件，简称CCD。该器件利用电路将光转换为电子信号，从而产生了数码相机中我们熟悉的数码图像。它们比摄影胶片更敏感，天文学家可以借此拍摄到太空中更暗淡、更遥远的物体。

就在过去短短几十年间，天文学在技术、理论和运算方面都取得了长足的进步，使我们达到了现有的知识水平。如今，我们已将目光投向了可观测宇宙遥远的边缘，发现了银河系之外亿万的星系，并且对我们自身所处的太阳系的形成方式做出了清晰明了的阐述。本书的主旨在于梳理现今对宇宙的认识是如何逐步获得的，并讲述现今所知的关于宇宙运作方式的众多奇妙故事。

多年以来，随着天文学范围的扩大，天文学家的实质也发生了变化。"天文学家"一词仍然是使用得最为普遍的称谓，用于称呼那些对太空中所见之物加以研究和解释的人，但也有一些其他的称谓。我们当中有一部分人并不自称为"天文学家"，而是自称为"物理学家"。一般来说，两者的区别在于天文学家研究的是天空，是对太空中的事物进行观测；物理学家则是对发现自然规律感兴趣的科学家，这些规律描述的是万物（也包括太空中的物体）的表现和相互作用。这两种类型的科学家之间存在很大的重叠性，而且没有明确而快速的方法来界定其界限。他们当中有许多人既是天文学家，又是物理学家，而世人往往用"天体物理学家"一词来指称跨界从事这两项科学工作的人。根据所研究的问题不同，天文学家也可分成不同的类型，有些着重研究恒星的内部运作，有些专注于研究星系整体及其发展演化的方式。而宇宙学领域研究的对象是整个宇宙空间的起源和演变。对系外行星的研究是天文学中发展最迅速的分支之一，即研究太阳系之外的恒星周围的行星。

如今，天文工作者既有专业人士，也有业余爱好者。过去，这两类群体之间的差别较小。托勒密、哥白尼和伽利略都曾研究过众多学科。他们及其后继者所研究的学科可谓五花八门，除了天文学，还包括植物学、动物学、地理学、哲学、文学等。时至今日，在天文学方面的新发现绝大部分只能借助专业级的望远镜来取得，而专业级望远镜对个人来说过于昂贵，体积也过于庞大，个人无法操作。现在，要详细解读通过这些专业级望远镜看到的现象，可能需要经过多年的训练。这就意味着我们需要专业的天文学家，在其职业生涯中，除了研究宇宙几乎不再从事什么别的工作。我们得到了大学和政府的支持，也越来越多地得到慈善家的帮助。近年来，这一领域的专业人士在人口结构上也发生了变化，女性天文学家的数量超过了以往任何一个时期。

　　除了专业人士，业余爱好者也仍旧发挥着重要作用。小型望远镜在进行特殊观测时仍有其价值，尤其是在遇到不同寻常的突发事件时，需要利用它迅速对天空进行观测追踪。此外，也需要业余爱好者来协助对天体进行分类，他们可以利用大型望远镜拍摄下来并分享到网上的图像来进行这项工作。对规模不大的专业组织而言，需要处理的数据量往往过大，而在许多需要仔细识别特征（尤其是异常特征）的任务上，人仍然比计算机更具优势。在过去10年间，天文爱好者已然发现了新的围绕其他恒星运转的行星，以及意想不到的新的星系类型。

　　现代天文学将我们的视野扩展到了太阳系及邻近恒星之外，不仅在空间上具备了恢宏的尺度，在时间上也同样如此。我们依靠光来获得研究太空的途径：我们等待光从遥远的地方传来，之所以能看到太空中的物体，要么是因为它们本身会发光，要么是因为它们反射着来自其他光源的光。我们看见的是这些物体在光发出时的样子，这就为对太空的观测增添了另一个维度：时间。光传播的速度极快，比高速公路上的汽车要快约1000万倍。也就是说，如果你观察的是最近的一盏灯（距离或许仅有短短的几米），那你看到的就是灯在非常短的时间前发出的光，在这种情况下，时间几乎无关紧要。如果你观察的是大约38万千米外的月球，那么光从月球到达地球时已经过去了1秒多的时间。照射到地球上的太阳光是约8分钟前发出的。星光发出的时间则要比月光和阳光早得多。即便是距太阳系最近的恒星，发出的光也要经过约4年时间才能传到地球上来。当我们仰望群星的时候，其实是在回顾过去。

　　这是一份不可思议的礼物。我们可以看到部分宇宙空间多年前的模样，光的源头距离越远，所能回溯的时间也就越早。如果你观察的是猎户座里那颗明亮的参宿四（图0.1），那你便相当于将时间回溯到了600多年前，它传到地球上的淡淡红辉是在中世纪时代发出的。位于猎户座"腰带"区域的恒星距离我们甚至更远，它们发出的光为一代又一代的人所熟悉，在传到地球之前已经走过了至少1000年。这就意味着我们有机会了解宇宙的历史，因为我们可以看到宇宙中更遥远的部分在数千年、数百万年乃至数十亿年前的面貌。人类从首次观察群星的时候起，就已经具备了这种回溯时间的能力，但直至20世纪，当我们能放眼银河系之外时，这种能力才成为天文学的一项关键特征。

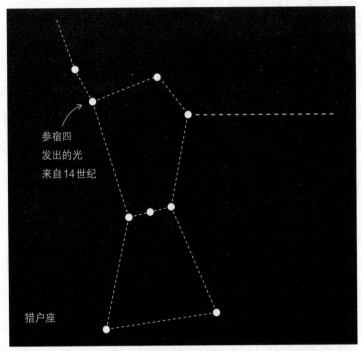

图0.1　猎户座诸星。它们发出的光经历了成百上千年才传到我们的地球上

　　宇宙在空间和时间上的宏大尺度可能会使现代天文学显得难以应付。由于宇宙空间太过辽阔，描述距离的数字也许会变得毫无意义，带有太多

零的数字处理起来也多有不便。为了解决这个问题，我们想出了各种办法，以便弄清宇宙空间的不同尺度，还做出了一些简化，放弃了部分细节。我们专注于深入认识太空的一部分，尤其是自身所处的太阳系，并在可能有关联的情况下，将由此获得的各种经验教训应用到其他区域。我们权且不急于深入认识太空中的大部分区域。但是，太空中某些遥远的地方特别有趣，值得更详细地探究，例如那些周围可能环绕着类地行星的恒星，或者其中有巨大黑洞发生碰撞或有古老的恒星爆炸的星系。

　　本书是关于我们的宇宙的一本指南。宇宙是我们对所知的整个空间的总称，无论是借助望远镜可以看到的空间，还是我们认为与所能看到的这些区域存在物理联系的空间，全都包括在内。本书会向读者说明我们认为宇宙是什么，思考整个宇宙空间与其中的一切有何含义，也会让读者明白地球在更为辽阔的空间中处于怎样的位置。本书还会粗略地向读者说明，我们所在的地球这颗行星是如何发展演变至今的，在更壮阔的宇宙中或许会面临怎样的未来。

　　不过，本书不会从宇宙的初始讲起，因为我们对此还相当陌生。相反，我们会从此时此地开始，以站在地球上的视角来讲述。

　　在第一章里，我们按照一定的顺序来对太空加以说明。通过深入观察夜空，我们获悉，太空中的物体并不是随机分布的，而是具备一个明确的分布模式，从极小到极大的尺度，万物都按照这种方式组合在一起。我们会从绕行星运转的卫星开始，讲到绕恒星运转的行星和小行星，再到恒星聚集在一起形成的星系，乃至星系聚集在一起形成的大型星系团——它们或许是宇宙中最庞大的物体。我们会发现地球在这样的宇宙组成模式中所处的位置，并对太空的规模有一定的了解。

　　第二章讲述了恒星的故事及它们的生命历程。有些恒星与太阳相差无几，但也有许多恒星的生命之旅与太阳大相径庭。我们会弄清恒星是如何发光的，并发现新的恒星从中诞生的恒星摇篮。我们会揭示太阳的生命历程及其面临的命运，以及那些体积最为庞大的恒星更加极端的消亡形式——它们将在剧烈的爆炸中走到生命的尽头。有许多恒星的结局是变成致密的黑洞，光永远无法从中逃逸。我们还会了解到在陌生恒星周围发现的新行星无与伦比的多样性。

　　在第三章里，我们会发现宇宙中存在着大量不可见的暗物质，实际上，无论是用肉眼还是用望远镜，都无法直接看到暗物质，即使是用于观测不同种类的光的望远镜也不行。暗物质的发现历史尚且不足百年，它改变了世人对于宇宙是什么、可能是由什么组成的等问题的认识。我们正在积极地设法弄清暗物质到底是什么，因为它对所有发出耀眼光辉的物体都具有巨大的影响，并且它似乎还是自然界的基本组成要素。

　　在第四章里，我们会探讨空间随着岁月的流逝发生了怎样的变化。在银河系之外还有不可胜数的星系，它们几乎都正在远离我们。于是我们便会不可避免地得出一个结论：空间正在膨胀。在过去的某个时间，宇宙空间可能存在着开端，我们称之为"大爆炸"。如今，我们已经可以将整个宇宙的演变过程一直追溯到临近那个时刻，得出大爆炸发生的时间。本章还会涉及空间本身具有形状的设想，以及发现宇宙是否为无限大的可能性。

　　第五章则粗略讲述了宇宙的历史，梳理了一遍宇宙的发展过程，从最初的开端一直讲到现今的状态。经过数十亿年的时间，宇宙之初留下的那些微不足道的特征演变成了充斥着恒星的星系，包括太阳系所处的家园——银河系。我们对发生过的这些事情的认识，很大程度上综合了实际的观测结果与设法再现宇宙演化过程的计算机模拟结果。太阳和地球形成之时，宇宙的年龄大约相当于现在的三分之二；银河系形成的时间还要更早一些。然后我们还会再探讨一下，接下来，我们所在的这部分宇宙和整个宇宙空间或许还会如何演变。

当今这个时代具备前所未有的技术实力，无论是望远镜还是计算机莫不如此，所以在我们的有生之年，有望在解决天文学的众多未解之谜方面取得巨大的进步。我们有可能会找到其他存在生命迹象的行星，发现宇宙中不可见的部分究竟是由什么构成的，揭示宇宙空间本身是如何开始膨胀的。我们或许还会取得一些完全出乎意料的发现，结果可能会再次改变天文学的进程。

- -

我们在太空中的位置

- -

在地球上，我们可以定义自身所处的位置：在一座建筑里，在一条街上，在某个村庄或城镇，在某个国家，在某个大陆，或者在某个半球。当然了，我们也是某种更为宏大之物的一部分，我们可以持续不断地将视野向外拓展，以便认识自身是如何被纳入我们的宇宙这一浩瀚得多的空间中的。在本章中，我们要进一步向外探索，直至达到所能观测到的物理极限，我们将会发现，在宇宙中，有可能产生像我们这样的生命的地方不在少数，地球只是其中之一。

建立太阳系的模型

地球每天自转一圈，每年绕太阳公转一圈。北极以一定的角度倾斜，于是在北半球夏季的白昼，北半球表面便会以正面向上或近乎正面向上的角度接收到太阳光。在一年中的这段时间里，与南半球相比，阳光更集中照射于北半球的地表，此时北半球接收到的阳光最为强烈。六个月后，则轮到南半球朝向太阳，北半球斜向另一边，此时北极便会陷入黑暗。

地球的直径约为1.27万千米，这一尺寸的最早计算值是在2000多年前的古埃及由学者埃拉托色尼得出的。由于地球像橘子一样存在着弧度，所以人影的长度取决于这个人处在南北方向上怎样的位置。埃拉托色尼注意到，在夏至日的中午，太阳直射在赛伊尼镇上空，所以他又去了亚历山大城（这座城位于赛伊尼镇以北，距离约为960千米）测量夏至日中午影子的长度。这两个地方之间的距离是已知的，投下影子的物体的高度也是已知的，那么，影子在亚历山大城的长度就仅仅取决于地球的大小了。行星的尺寸越小，这两个城镇之间的弧度就越大，物体投下的影子也就越长（图

1.1）。通过这一简单的推算，埃拉托色尼计算出的地球尺寸与实际数值的误差还不到10%，这在当时可谓一项了不起的成就。

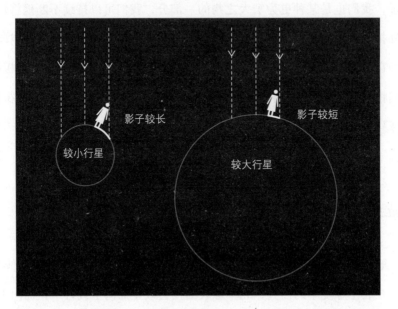

图1.1　在一颗体积较小、弧度较大的行星上，图中之人投下的影子也较长。早在2000多年前，埃拉托色尼便用这个方式计算出了地球的大小

太空中与地球相距最近的天体是月球。它每个月都在绕着我们公转，由于距离十分近，地球上的海洋会受到月球的吸引，随着地球的自转，海水一般每天会出现两次涨潮。月球与我们的距离平均仅为38万千米出头，比太阳系中的任何一颗行星都要近得多。不妨想象一下，假设地球缩小到相当于篮球的大小，那么月球的尺寸就与橙子相当，循着一条大致为圆形的轨道绕地球运动，这条轨道的大小差不多可以塞进一个篮球场。由于月球的大小和距离，当月球运行到地球与太阳之间时，它恰好可以在短时间内挡住所有的阳光，形成令人惊叹的日食。这是个惊人的巧合，因为虽然太阳的直径比月球大约400倍，但它与地球的距离也比月球远约400倍，所

以这两个天体在天空中看起来大小相当。尽管如此，由于月球绕地球运行的轨道与地球绕太阳运行的轨道并不同步，所以日食还是很罕见的，否则每个月都会发生一次日食。

当然了，月球与地球相距如此之近，以至于人类已经去过月球了，时间距今刚刚半个世纪。仅有24人曾经搭乘过传奇的"阿波罗号"宇宙飞船，其中又仅有半数的人曾踏足陌生的月球表面。在月球上行走的体验与在地球上截然不同。月球很小，它的引力仅相当于地球的六分之一，所以假如没有宇航服的负担，你多半是可以在月球上从另一个站立的人头上跳过去的。"阿波罗号"上的宇航员们虽然背负着笨重的装备，但在登月的拍摄片段中，也拍下了他们在月球表面蹦蹦跳跳的画面。

月球背面在地球上是始终看不见的。月球绕地球一圈需要历时一个月，其间它只自转一周，因此始终将同一面朝向我们。这与地球本身大不相同，在绕着太阳公转的一年时间里，地球每一天都要自转一周。月球几乎与地球同样古老，诞生于近50亿年前。最流行的一种理论认为，形成之初的地球曾经跟另一个体积与行星相当的物体发生过激烈碰撞，其后遗留下来的岩质碎片便形成了月球。天文学家并不能确定这种情况是否确实发生过，但倘若果真如此，那么月球一开始离地球的距离应该比现在要近得多，在天空中看起来也要大得多。在最初的数百万年里，形成不久的月球在绕地球公转的过程中快速自转，先后向地球展露出正面和背面。

月球绕地球公转时之所以会引发潮汐，是因为月球对靠近它这一侧的海洋的引力大于对地球中心部分的引力，这会使得地球近月侧的水位上升。地球另一侧距月球相对最远的海洋也会发生相同的情况，因其受到的月球引力小于地球中心部分受到的月球引力。在大多数地点，这种效应带来的结果便是地球每自转一周，便会发生两次涨潮。虽然月球上没有海洋，但地球对月球的引力也会产生类似的效应，将月球面向地球的这一侧略微拉长。月球在其形成早期的自转速度较快，地球的引力和缓地发挥着作用，使得月球被拉长的部分逐渐朝向地球，经过数百万年的时间后减缓了月球的自转速度，直到我们熟悉的一面被始终锁定在面向地球的这一侧，月球背面便再也看不见了。

月球的引力也以同样的方式逐渐影响了地球的自转，使地球的自转速度每100万年减慢15秒左右。在地球诞生之初，一天仅有短短几小时，而在许多年以后，地球自转的速度可能会比现在慢得多，以至于地球会有一侧永远面向月球。同时，由于地球绕轴自转的速度比月球绕地球公转的速度快，所以使得月球的公转速度加快，并使其运行轨道扩大：每过一年，月球与地球的距离就会增加几厘米。

月球在天空中的光芒极为醒目，于是人们很容易忘记它本身并不会发出可见光。月球其实是被阳光照亮的，但太阳在同一时间只能照亮月球的某一面，且未必始终是其朝向地球的这一面。当月球位于与太阳方向相反的那一侧时，便呈现出满月的外观，看起来就是个完整的明亮圆盘；而在它绕地球运行的一个月内其余的时间里，我们只能看到月球被阳光照亮的那一面的部分区域，还有一段短暂的时间什么也看不见（图1.2）。

我们已经完全习惯了天上有一个月亮，这似乎再正常不过了。但即便是在太阳系内，这也绝非寻常之事：木星和土星各有几十颗卫星；在与我们相邻的行星中，离太阳更远的火星有两颗卫星，但离太阳较近的金星和水星则一颗卫星也没有。地球仅有的这颗卫星的存在造就了我们所知的生命形态。倘若没有月球，地球上就不会有潮汐，白昼的时间会大为缩短，规律的季节更替很可能会被严重打乱。这是因为，正是借助月球的引力，地球在绕太阳公转时相对于轨道才能保持固定不变的倾斜角度。在遥远的

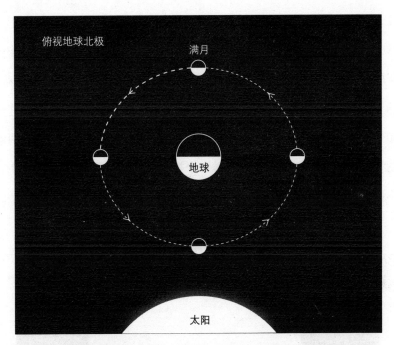

图1.2　当月球绕地球公转时，月面有一半被太阳照亮。至于被照亮的这
一半有多大的面积能被我们看见，则取决于月球所在的位置

未来，月球与地球的距离大为增加，地球摆动的幅度可能会比现在大得多，在绕太阳运行的过程中，其倾斜的角度会相当难以预测。

看过了地球与月球这对组合，我们再将视野向外拓展，放眼太空，从整体上来观察一下太阳系，即以太阳这颗恒星为中心形成的松散的天体集合。当然了，我们对太阳相当了解，大多数人对绕太阳运行的几大行星也耳熟能详，至少知道它们的名字。除此之外，被太阳吸引到周围绕其运行的还有小行星、彗星、矮行星和无数的太空碎片。

尽管有上述种种天体存在，太阳系仍旧空旷得令人惊诧。这一点可能难以清晰地感知，因为在书页上无法轻松呈现出这些星球与空间的真实比例。这里有一种想象尺寸的简便方法：假设将地球压缩到一颗小胡椒粒的尺寸，直径仅有几毫米，在相同的压缩比例下，太阳的大小就相当于一个篮球，直径比地球要大上100倍左右（图1.3）。现在，假如把篮球大小的太阳摆放好，找出地球应当处于什么位置，我们或许会以为它距离太阳很近。实际上，却需要大步迈出26步，才能从太阳走到胡椒大小的地球，这个距离相当于整整一个网球场的长度。在真实的地球和太阳之间只隔着两颗小小的行星——金星和水星。在这样一个模型中，水星距离太阳有10步，而大小相当于胡椒粒的金星距离太阳则有19步。

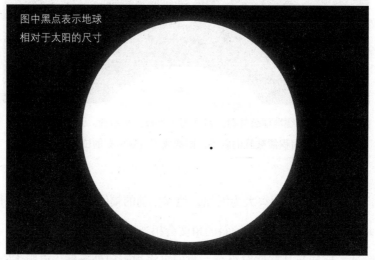

图中黑点表示地球
相对于太阳的尺寸

图1.3　地球相对于太阳的尺寸

要到达位于我们外侧的几颗行星那里，就需要走上很长一段路了。假设地球相当于一颗胡椒粒的话，火星的大小就相当于半颗胡椒粒，从地球出发要多走14步才能到达火星。木星是体积最大的一颗行星（相当于一粒大葡萄），从火星出发差不多要再走上100步才能到达。木星与太阳的距离相当于日地距离的5倍，或者说是5个网球场连在一起的长度。再往前走100步出头，就到达了土星，它的大小相当于一粒橡子，其与太阳的距离是地球与太阳距离的10倍。天王星和海王星与太阳的距离分别相当于地球与太阳距离的20倍和30倍。海王星的尺寸与天王星相似，大概有葡萄干那么大，离篮球大小的太阳差不多有800米远，得走800步左右，步行时间大约需要10分钟。你可以毫不费力地把上述大小的所有行星全都握在手中；太阳系里的其他地方几乎空无一物。

人们很容易把这些行星想象成整整齐齐排成一列的模样，依次为水星、金星、地球、火星、木星、土星、天王星、海王星，但实际上并非如此。基本上无论何时，它们在绕太阳运行的过程中都处于无法排成一列的位置。而且各大行星运行的速度也不同，离太阳越远，运行的时间周期也就越长。水星上的1年仅相当于地球上的3个月。火星上的1年几乎有地球上的2年那么长；土星上的1年则差不多相当于地球上的30年。如果在太阳系的外围区域的天体上，你能过生日的次数可就稀少了。

各大行星绕太阳运行时，它们在夜空中的位置始终在变化。我们用肉眼可以轻松看到其中的五颗，分别是水星、金星、火星、木星和土星。更为遥远的天王星和海王星就实在是太暗淡了。不同的夜晚，这五颗行星会以不同的位置出现在夜空之中。有时它们看似挨得极近，但这只不过是我们从地球上看到的表象而已。夜空中的木星哪怕是看似就在火星旁边，它们之间的距离也要比火星与地球之间的距离远很多。鉴于各大行星运行的速度不同，有时会出现这样的情况：在黎明前或日落后不久，我们可以同时看到内行星和外行星[1]。在十分罕见的情况下，由于排列方式恰巧合适，还能在夜空中同时看到五大行星。

除了追踪其在天空中的移动，通常还可以通过光芒闪烁与否来区分行星和恒星。行星闪烁的次数一般要比恒星少得多。受空气温度变化的影响，

---

[1]　内行星是指在地球绕日运行轨道内部的行星；外行星是指在地球绕日运行轨道外部的行星。

来自恒星的光在射入眼睛的过程中发生了折射，于是我们便觉得这颗星体正在不停地略微移动。这种表面上的移动在我们看来就像在闪烁。来自行星的光其实也在以同样的方式发生折射，不过与恒星相比，行星离我们要近得多，所以它们在夜空中也看似比恒星要大。来自行星表面不同位置的光会向不同的方向折射，于是整体而言，行星的闪烁就不那么明显。

我们现在觉得知道太阳系有多大是理所当然的，但当初为了测量地球到太阳及各大行星的距离，人们付出了多年的努力，还借助了行星连珠的罕见时机，才得以成功。最早的两次令人信服的观测是在1761年和1769年金星凌日时进行的，当时金星恰好从地球和太阳之间经过。这是一个关于大无畏的冒险和国际科学合作的精彩故事，在很大程度上要归功于埃德蒙·哈雷令人钦佩的远见卓识，他是牛津大学的天文学家，因为著名的哈雷彗星而被世人深深铭记。

金星凌日的现象很罕见，以两次为一组，两次间隔8年，但是两组之间的间隔却有100多年。这是因为金星和地球绕太阳公转的轨道并不在同一平面上。最先预测出凌日现象的是天文学家约翰内斯·开普勒，他计算出水星和金星都将于1631年发生凌日现象。他的预言得到了证实，可惜开普勒本人于1630年去世，未能亲眼见证。在接下来的几年里，英国天文学家杰里迈亚·霍罗克斯计算出金星凌日应该是成对发生的。这一发现的时间险些错失观测良机：他于1639年完成推算的时间只比第二次金星凌日发生的时间早一个月。幸运的是，他完成得还算及时，有了预测结果作为辅助，他成功地在位于兰开夏郡的家中观测到了金星凌日现象。

1677年，埃德蒙·哈雷前往大西洋的圣赫勒拿岛，为只有在南半球才能看到的恒星绘制星图，并在那里观察到了水星凌日的过程。受此启发，他意识到金星凌日为世人提供了推算太阳系范围大小的关键。他的测算方法运用了视差——这是一个很容易理解的概念，因为你也可以用视差法来测量自己手臂的长度。你可以伸出食指，将手臂伸直，闭上一只眼睛，记下手指在对面那堵墙上或其他某种背景中所处的位置，然后睁开这只眼睛，再闭上另一只眼睛，这时你会发现你的手指似乎向旁边移动了。这种移动就称为视差。可以用这个办法测算出你的手指与眼睛之间的距离，而无须实际测量手臂的长度。

你应该注意到了，假如将手指放在离眼睛近得多的位置上，就好像你的手臂比实际的长度更短那样，在这种情况下，手指偏移的幅度似乎也增大了。规律是：手臂长度越短，手指偏移的幅度就越大。将向侧面偏移的距离作为手指移动的角度来测量会很简便。如果你旋转一整圈，手指移动的角度就是360度。你应该会发现，当你切换左、右眼来观察时，手指似乎向旁边偏移了几指宽的距离。作为参考，伸直手臂时一根手指本身的宽度大约会占据2度的角度。

只要你知道两眼之间的距离（大约为几厘米），就能计算出自己手臂的确切长度。这里你用到的知识是三角形几何学。只要知道某个直角三角形一条边的长度和其中一个角的大小，就能算出其余各边的长度。在上述示例中，共有两个背对背靠在一起的直角三角形，每个三角形的短边（每只眼睛和鼻梁之间的距离）大约各有4厘米长。如果测量一下你分别闭上左、右眼时手指偏移的角度，那就等于每个直角三角形远端角度的两倍。举例来说，假如你的手指移动了8度，就可以计算出手臂的长度差不多有60厘米。

当然了，这种测算几乎没什么实际的用途，因为要测量手臂的长度有各种更简便的方法。但与之相同的方法却可以让我们得出地球到金星的距离，在这种情况下，这种测算方法就极为宝贵了。要想运用视差法来测算这个距离，我们利用的就不再是你的两只眼睛，而是地球上分别位于南、北半球的两个位置，两者相距越远越好。金星就相当于上述示例中试图计算出其距离的那根手指，而太阳则相当于示例中手指后面的背景墙。与其余许多太空测量的情况一样，这里的三角形尺度极大，其短边即为地球上两个观测位置之间距离的一半。

当金星凌日的现象出现时，你可以先从北半球的位置来观察金星（这就相当于示例中先闭上一只眼睛），并记下它在太阳这个背景中所处的位置；再从南半球来观察金星（相当于再闭上另一只眼睛），并记下它所处的位置。就像示例中你的手臂那样，金星在太阳这个背景中偏移的幅度越大，离地球就越近。这样一来，要计算出地球到金星的距离，只需知道地球上的两个观测点之间的距离即可。

有一个因素会导致这个方案复杂化——太阳表面基本没有什么特征，所以早在18世纪时，要想准确判断从地球上不同地点观测到的金星的确切位置，难度太大。哈雷提出了一个简洁的解决方案。他意识到，不但金星的位置会随着观测位置的改变而变化，而且金星凌日所需的时间也会随之变化。如图1.4所示，金星越过太阳这个背景的两条路径长度并不相同，两者的长度差异越大，或者说金星凌日所需时间的差异越大，金星在太阳这个背景中的位置偏移得就越大，金星离地球也就越近。

这一测量方式可以让我们得出地球到金星的距离，由此再进一步推算出地球到太阳和其他行星的距离就简单了。约翰内斯·开普勒得出了一个模型，可以将行星沿轨道运转的时间与到太阳的距离关联起来，即距离越远的行星所需的运行时间就越长。通过观察金星在夜空中的位置变化，天文学家早已知晓金星上的一年有多长。知道了金星上一年与地球上一年的时间，又知道了地球到金星的距离，就足以确定整个太阳系的范围。

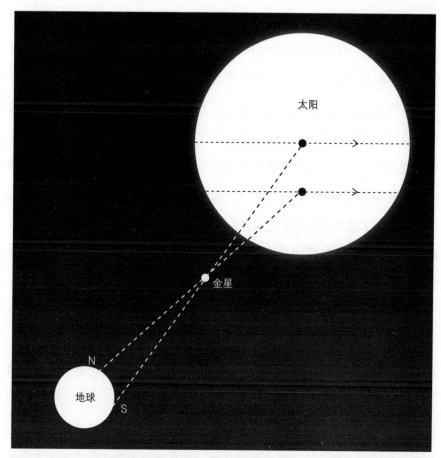

图1.4　金星凌日过程所需的时间取决于从地球上什么地方来观察。两个观测点的观测结果之间的差异越大，金星与地球的距离就越近

　　哈雷已经构想出了测算方法，但他知道自己活不到1761年，无法亲眼见证下一次金星凌日。他并没有就此气馁，而是给下一代天文学家留下了富有启迪的指引，敦促后人去观测凌日现象："我一次又一次地向那些怀有好奇心且有机会（在我撒手人寰后）观察到这些现象的天文学家建议，他们应该记住我的这番话，要竭尽全力，勤奋地去进行这项观测；我诚挚地祝愿他们大获成功。"

　　哈雷留下的指引起到了作用。在他去世近20年后，世界各地的天文学家聚集在一起，对凌日现象加以观测。他们是由法国天文学家约瑟夫－尼古拉斯·德利尔召集到一起的，他强烈支持国际科学界合作进行观测。金星要耗费数小时的时间才能越过太阳，而从相距甚远的不同地点观察到的这一时间仅仅相差几分钟。为了准确完成这项工作，天文学家不仅需要前往分别位于地球上南、北半球相距遥远的不同地点，也需要准确测量所处地点的经度和纬度，以及能够确切测定凌日现象持续时间的理想天气。这不是某个天文学家单枪匹马便能完成的项目。德利尔激励了来自英国、法国、瑞典、德国、俄罗斯等国的数百名天文学家参与这项非比寻常的共同探索活动，该活动后来成为全球天文学界发起联合行动的最初典范。

　　在凌日现象发生之前，德利尔便已指出了哈雷的方法中存在的一个缺点，那就是必须自始至终对凌日现象进行完整的观测。要想实现这一点，在长达7小时的观测期内，地球上的观测点所处的区域不仅必须始终面向太阳，还需要始终保持良好的天气状况。德利尔提出了一种替代方法：不是从位于南、北半球的不同地点观测凌日的整个过程，而是仅仅观测凌日现象的开端或结尾，只要加以精确计时，且从世界各地相距遥远的不同地点进行观测即可。位置在东方的团队观测到金星凌日开始的时间会比在西方的团队更早。不同观测者的观测结果相差越久，就意味着地球与金星的距离越近，相当于金星在背景中偏移的幅度越大。要使用哈雷构想的方法，天文学家们必须精准测量凌日过程持续的时间；而使用德利尔的方法，他们只需准确地记录凌日现象开始或结束的时间即可。在那个年代，无论哪一种测量方式都非同一般，并且需要小心谨慎地将摆钟和望远镜运送到遥远的地点。

　　为了准备观测1761年的凌日现象，一支支天文学家团队踏上了非同寻常的旅程，以便尝试进行这样的测量，他们分别踏足了南非、马达加斯加、圣赫勒拿岛、西伯利亚、纽芬兰和印度。关于这些令人神往而又富于挑战的探险历程，相关的记载比比皆是。有些人走了好几个月，结果却发现金星被云层遮住了；还有许多人卷入了始于1756年的七年战争。南半球最精确的观测结果出自英国天文学家查尔斯·梅森和耶利米·迪克森之手，他们在好望角进行了观测，本来这两人是被英国皇家学会派往苏门答腊岛的，但他们乘坐的船遭遇了袭击，此后便改变了航向。二人取得的成功将他们引向了此后更广为人知的研究工作，即在美国勘察边境线——后来被世人称为"梅森–迪克森线"。

在1761年进行观测的结果有许多都不及预期的那样精确，或是被恶劣的天气所破坏。天文学家们返回之后，立即把各团队的结果综合到一起，得出了一个估计值，即地球与太阳的距离约为1.24亿至1.59亿千米。幸运的是，他们在1769年的金星凌日观测中对采用的方法做了改进，并且获得了在良好的天气状况下进行观测的机会。不过，当时德利尔本人已经逝世，未能亲眼见证第二次尝试。这一次，英国探险家詹姆斯·库克被派往塔希提岛，还有一些探险队分别前往加拿大的哈德逊湾、挪威、加利福尼亚半岛和海地。在这些研究团队中，有许多人的观测都取得了成功，各位天文学家综合了所有的观测结果，得出的结论是地球与太阳的距离约为1.5亿千米，这一次数值的不确定范围小于320万千米。他们推算的结果是正确的：现今精确测量的平均日地距离为1.496亿千米。

在200多年后的今天，我们在研究天文学时，仍然在运用这个故事中反映出的许多方法，比如构想如何进行困难的观测，提出不同的观测方法，提前多年开始规划，常要前往某些条件恶劣且难以到达的地点，以便尽可能得出最佳观测结果。项目成功的关键在于向各国政府申请购置设备、发放酬劳和差旅所需的资金，还要与国内和国际团队进行协调，并对来自不同团队的研究成果加以综合整理。时至今日，我们在天文学研究中仍然是这样工作的。来自各国的研究团队都很乐意为实现共同的目标而携手合作，但也会特别殷切地希望自己的团队能取得最佳观测结果。作为科学家，在追求新发现的过程中，我们往往既有竞争又有合作。

地球到太阳的距离为1.496亿千米，由于这个数字太大，包含了一大堆的"0"，表述起来变得有些不便。于是，在对太空中的遥远距离进行测量时，为了简化起见，天文学家便采用了庞大得多的测量单位。"天文单位"即为其中之一，其定义是从地球到太阳的距离。因此，从太阳到位于太阳系外侧边界的海王星的距离约为30个天文单位，这个数字比45亿千米要容易记录得多。我们还用光穿过太空中某段距离所需的时间来衡量距离的长短。光在一小时内可以传播约10.8亿千米，因此我们将这个距离称为1光时。用这个单位来衡量，从太阳到海王星的距离大约就是4光时。记住这个距离或许并不比记住30个天文单位容易，但这种测量距离的方法却十分有用，因为它可以轻而易举地扩展为光年，即光在一整年中走过的距离。一年大约有9000小时，所以一光年的距离大致相当于一光时的9000倍，即9.46万亿千米左右。我们测量太阳系的大小尚且无须用到光年这个单位，但事实证明，在表述太空中更遥远的距离（即便是我们与距太阳系最近的那些恒星的距离）时这个单位十分有用。有了这样一个巨大的测量单位，我们所处理的数字就不至于过分庞大。此外，光时和光年还有助于提醒我们时间的流逝，因为这两个单位表示了光是在多久以前离开所观测的天体的。木星、土星与地球只有几光时的距离，所以我们观测到的就是这两颗行星几小时前的情况。

太阳系诸行星

在头脑中建立起太阳系的模型后，我们现在将关注点转向这些渺小的行星本身。它们到底是什么样的呢？首先来看一看水星，它离太阳最近，绕太阳公转一周的时间仅相当于地球上的三个月。这里特别不适宜居住，没有任何大气层的保护，某些地方的局部温度甚至超过了400摄氏度。太阳的引力导致水星的自转减缓，就像地球导致月球的自转减缓那样。现在水星的自转速度极为缓慢，以至于水星上的居民会有整整一年（水星公转一周）的时间全是白昼，紧接着整整一年的时间又全是夜晚，每两年才有一次转回到面朝太阳的方向。在水星的夜晚期，要经过三个地球月后，太阳才会再次升起。难怪在那段漫长的黑暗时期，水星上会变得极其寒冷，降到零下100多摄氏度。当然，真有水星居民经受这种极端气候的可能性极小：水星上存在生命的可能性几乎为零。

水星看起来有点像我们的月球。水星表面存在若干陨石坑，可能是在太阳系形成的早期与巨型陨石发生碰撞留下的痕迹。2006年，美国国家航空航天局（NASA）向水星发射了"信使号"航天器。它于2011年进入水星轨道，同时拍下了一些绝美的照片，呈现出了这颗行星的风貌，然后在2015年坠落到水星表面，以轰轰烈烈的方式完成了它的使命。2018年，欧洲航天局和日本航天局发射了一颗新的太空探测器，名为"贝皮·哥伦布"，旨在对这颗行星进行更详细的研究，这颗探测器要历时7年才能抵达水星。

从水星继续向外探索，紧随其后的是与地球相邻的金星。它的大小和质量与地球相似，也有自身的大气层，不过其与地球大气层相比具有毒性，任何生物要在那里生存都非常困难。包裹金星的大气层中存在高浓度的二氧化碳和硫酸云，使其成为太阳系中最炽热的行星，温度甚至比水星还要高，超过了400摄氏度。我们无法凭借普通的可见光看穿金星的大气层，因此必须通过利用无线电波（波长比可见光更长）的相机来进行观察。在大气层的包裹下，金星具有岩质的表面，像沙漠一样，上有山脉、山谷和高地平原。金星上还有成百上千座火山，其数量比太阳系其他任何行星的都要多。这些火山看似并非处于喷发状态，但欧洲航天局的"金星快车号"航天器已经探测到了其以熔岩流形式持续存在的活动迹象。

金星自转的方式也不同寻常，这种自转方式曾被我们视为是错误的。它虽然也像其他行星一样逆时针绕太阳运转，但假如按照北极朝上的方式来看的话，它就是顺时针绕轴自转的。这几乎与太阳系中其余所有行星的自转方向全都相反，也就是说，金星上的居民会看见太阳从西边升起、在东边落下。我们相当确定，金星最初应当也是以"正常"方式自转的，但不知究竟是什么原因导致它自转的方向反过来了。或许在多年前，金星曾经与另一个巨大的岩质天体发生过剧烈的碰撞，以至于改变了它的自转方向，甚至有可能被撞得上下颠倒了。它的自转速度也比地球慢得多，这一点与水星相似。金星上的1天相当于地球上的100天出头，约为一个金星年长度的一半。金星上的居民倘若能活得够久，就会定期在黑暗中连续度过50多个地球日。

除了"金星快车号"，已有20多架航天器先后访问过金星。早在20世纪70年代，便有连续数架苏联航天器访问了金星，这是人类航天器首次登陆另一颗行星。此后几十年过去，有许多绕金星轨道运行或与金星擦肩而过或登陆金星的航天器都曾近距离观察过它。距今最近的是在2015年，日本航天局的"拂晓号"探测器进入金星轨道。2010年发射时，"拂晓号"错失良机，它本应在大约一年后进入金星轨道的，但由于发动机点火的时间持续得不够久，所以未能被送到正确的位置上。"拂晓号"在绕太阳运行的停滞状态中等待了漫长的五年，然后凭借快速的火箭推力成功地重新进入了金星轨道，为我们获取更多关于金星上极端天气系统的信息。金星大气层的自转周期仅相当于4个地球日，比金星本身的自转周期要短得多，而造成这一现象的原因尚不明确。如今，"拂晓号"所拍摄到的照片显示出了一些出乎意料的特征，或许有助于解释这一现象，包括在金星赤道周围以每小时约320千米的速度移动的高速气流。

越过金星之后，现在我们从太阳系中靠近太阳的这一侧转向地球的外侧，来看一看地球最广为人知的邻居——火星，这里是无数有关外星文明的故事中的背景。火星的直径约为地球的一半，质量仅约为地球的十分之一，同一物体在火星表面的重力约为在地球表面重力的三分之一。假如身在火星，你完全可以跳到地球上跳起高度的三倍高。火星与地球一样，也是逆时针自转的，火星日的时间长度与地球日相差不大。它有两颗卫星，但与月球相比，这两颗卫星就显得很渺小了，平均直径分别仅有约12千米和约22千米。从火星上观察的话，火卫一这颗相距较近的卫星看起来约有月球的三分之一大小，但较小的火卫二由于距离太远，看上去就跟夜空中的一颗星星没什么区别了。

探索火星的时机已经成熟。火星属于岩质行星，表面覆盖着山脉、山谷和沙漠。火星之所以呈现出众所周知的淡红色外观，是由于其表面的氧化铁，类似于金属上的锈迹。火星上的大气层相当稀薄，因此我们可以轻易地窥见它的表面。早在19世纪，天文学家便认为能观测到火星大气中存在水的迹象，并通过火星表面类似运河或河床的地貌特征推断出火星上有水。这促使人们猜测这颗行星可能是智慧生命（很快就在科幻小说中出现的火星人）的家园。后来，事实证明，这些地貌特征不过是视觉上的错觉。但近几十年来，在火星上着陆的机器人探测器确实发现了液态水的痕迹，还有迹象表明，以前火星或许曾被大片的海洋所覆盖。火星上可能存在生命，这样的想法十分诱人。由于人们对这种可能性感到好奇，加之火星的距离够近，表面又足够坚固，可供着陆，所以NASA的火星探索计划发射了大量的机器人探测器。把人类送上火星固然是一项巨大的挑战，但在未来的几十年里，这一项目很可能会成为在国际性的太空计划中起决定性作用的一部分。

在火星的外侧，有众多体积较小的岩石，即小行星带。这些不规则的块状物体尺寸虽小，数量却极多，它们大小不等，有的仅为鹅卵石大小，有的却足有一座城镇那么大，其中有几百块的尺寸相较之下要庞大得多。这些小行星始终绕着太阳运转。假设把所有的岩石压缩到一起，形成一个单一天体，其体积会比月球要小些。在小行星带里的最大岩石是太阳系的一颗矮行星——谷神星，这颗球状星体本身的直径约有950千米。我们认识谷神星已有200多年之久，1801年，朱塞普·皮亚齐在巴勒莫发现了它的存在。一开始，天文学家认为这是一颗行星，不过因为它太小，通过当时功能还相对有限的望远镜观察，它看起来倒像一颗恒星。不久之后，天文学家便在天空中发现了更多这样的小天体：1802年发现帕拉斯，1804年发现朱诺，1807年发现灶神星，而从19世纪40年代中期开始又陆续发现了许多这样的天体。

最初它们都被称为行星，然而在1802年，天文学家威廉·赫歇尔建议将这些新发现的天体称为小行星，意即"类行星"天体。这样的称谓相当于将这些新行星降级处理，他的建议并没有立即被很多人接受，所以在接下来的几十年间，这些巨大的岩质天体仍被世人称为行星。随着时间的推移，天文学家和知识分子（其中包括探险家、地理学家亚历山大·冯·洪堡）开始支持将这些较小的天体从行星中剔除出去。19世纪60年代，人们按照赫歇尔之前的建议，将这些天体归类为小行星。而就在短短十几年前，

　　历史重演，因为在太阳系的边远地带发现了比小行星更大的新天体，它们又被添加到了我们现有的行星之列。天文学家并没有把这些新天体通通归入行星，而是选择创建了一个新的类别，称为矮行星，其中也包括冥王星。

　　在小行星带之外，是我们太阳系内的巨大行星——木星。它与岩质内行星不同，是一个巨大的气态球体，表面无法立足。这颗行星主要由氢和氦构成，覆盖着若干五颜六色的旋转气体层，由于氨气和硫黄等气体的存在而呈现出橙黄色，还带有独特的大红斑，那其实是一场持续了千百年的风暴，就像一只向外凝望的巨眼。木星的直径约为地球的11倍（图1.5），质量约是地球的300倍，而且自转的速度比地球更快，每10小时就会自转一周。随着时间的流逝，古老的木星正在收缩，以大约每年2.5厘米的速度

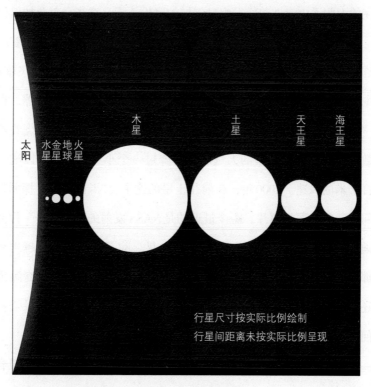

行星尺寸按实际比例绘制
行星间距离未按实际比例呈现

图1.5　太阳系内各大行星的相对尺寸示意图

稳步缩小。它最初的直径可能是现在的两倍。

在我们太阳系的历史中，木星或许扮演过一个有决定性作用的角色。从前，太阳系内各大行星的排列顺序可能与现在大不相同。有一个广为人知的设想，被称为"大迁徙假说"，认为木星最初比现在离太阳更近，然后它或许曾逐渐朝太阳的方向移动，到达了目前地球和火星之间的某个位置。在迁徙的过程中，它很有可能摧毁了比地球还大的岩质行星。或许由于受到邻近的土星引力的影响，木星又掉头向外，离开了内太阳系，然后穿过小行星带，到了目前所在的位置，一路留下的巨大岩石碎片，最终形成了水星、金星、地球和火星。事实是否如此尚不确定，但在过去这短短十年间，我们具备了研究其他恒星系统的能力，从而掌握了更多的信息，比以前更了解自身所在的太阳系内或许曾经发生过怎样的事件（下一章将会对此加以讨论）。

由于木星不具备坚实的表面，因此航天器是无法在木星上着陆的，但有许多航天器在前往更为遥远的目的地时，中途曾经观测或飞临过木星，其中包括20世纪70年代的"先驱者号"和"旅行者号"航天器，以及后来的"伽利略号"航天器。20世纪90年代，"伽利略号"曾经绕着木星飞行了数年，甚至还在木星的大气层中空降过一个小型探测器，以测量每小时数百千米的风速。2000年，在前往土星的途中，"卡西尼号"探测器给我们发回了一些美丽的照片。距今最近的是NASA发射的"朱诺号"探测器，在从地球起飞5年后，它于2016年抵达木星。除了在无数次飞越木星时传回的那些令人惊叹的照片（其中包括围绕着木星南、北两极的旋涡状气旋），它还让我们得以更深入地了解木星是由什么物质组成的，以及当初可能是如何形成的。

木星拥有为数众多的卫星。在晴朗的夜晚，用双筒望远镜很容易就能看到在木星这个较大的圆盘两侧排列着四个光点，这是它最大的四颗卫星[1]，最早看见它们的人是伽利略。当天文学家开始了解夜空中毗邻的天体时，这些卫星堪称完美的目标。木卫三是木星最大的卫星，甚至比水星还要大。在这四颗卫星中，木卫二与木星的距离第二近，它特别令人着迷，因为其表面覆盖着冰封的海洋，冰下的海水很可能是液态的。在太阳系中，这里是除地球外最有希望出现生命的地方之一。这种诱人的可能性，即木星的卫星上可能孕育着微小生命的可能性，鼓舞着人们在未来发射更多的探测器，更详细地对其进行探索。欧洲航天局将于21世纪20年代初发射木星冰月轨道器，以便研究木卫三、木卫四和木卫二。NASA的"欧罗巴快船号"探测器也会在差不多的时间发射，它将对木卫二的冰壳进行探测，并为未来的探测器选择着陆点。

　　我们从木星继续向外进发，来到土星，这是太阳系内另一颗神奇的巨大行星。环绕在土星周围的光环令最早观测到它的人大感困惑，伽利略形容它们看起来就像耳朵或手臂，并推测其为土星的卫星，这些光环可能使其成为太阳系所有行星中最易辨识的一颗。"卡西尼号"探测器向我们展示了这颗行星令人惊叹的景色，但通过望远镜的目镜直接看到土星和土星环仍然是件令人激动的事，即使是对经验丰富的天文学家而言也是如此。

　　与木星一样，土星也是一颗主要由氢和氦组成的巨行星。在其中心位置可能有岩芯，外面是一层层的液氢，最外层是气体，氨气赋予了这颗行星独具特色的黄色外观。土星是太阳系中唯一一颗平均密度小于水的行星，所以它可以浮在足够大的水体中。从远处看，土星光环的形态看起来像是固体；但近距离观察却发现这些环其实是薄薄的圆盘，厚度不均，某些地方仅有10米厚，某些地方却厚达1千米左右，由冰、岩石和尘埃组成。土星环本身从土星赤道延伸出去数十万千米远，其来源尚不确定，有可能是

---

[1]　分别为木卫一、木卫二、木卫三、木卫四。

遭到摧毁的卫星留下的遗迹，或是彗星和小行星的碎片。

土星大约每10小时自转一次，它与太阳的距离约是地球与太阳距离的10倍。这里是个寒冷之地，风速达到了每小时1600千米以上。像木星一样，这颗行星也有几十颗卫星，这些卫星也同样令人着迷。其中最令人关注的是土卫六和土卫二，因为相对而言它们与地球较为相似。土卫六是土星最大的一颗卫星，比水星稍大，有自身的氮气大气层，表面有碳氢化合物形成的湖泊和海洋，还有岛屿和山脉，会刮风下雨，只不过这里雨的成分是液态甲烷。它比地球冷得多，表面平均温度接近零下200摄氏度。土卫二也同样寒冷，但可能更适宜居住：探测器飞掠土卫二时的观测结果显示，继地球之后，它可能就是太阳系中最宜居的地方了，这里的海洋在某些地方只覆盖着一层薄薄的冰壳，一股股海水从海洋深处喷射而出。

从土星继续向外探索，先后遇到的是难以捉摸的天王星和海王星，它们与太阳的距离分别约为日地距离的20倍和30倍。这两颗行星是太阳系中被探索得最少的行星，两者的大气层中都存在大量的氢和氦，但也有水、氨气和甲烷。天王星被强风吹起的云层覆盖着，在这些云层之下可能是包裹着岩芯的流体层。天王星有个奇怪之处：它几乎完全处于侧躺着旋转的状态，它的南、北两极与运行轨道位于同一平面上。这个方向或许在太阳系形成之初便已固定下来，很可能是与其他行星发生碰撞造成的，于是，无论在南极还是北极，都有连续约40个地球年始终处于日照之下，随后又有连续约40个地球年一直停留在黑暗中。

观察夜空的古人并不熟悉天王星。它太暗，移动得又太慢，以至于曾被误认为一颗恒星。1781年，英国天文学家威廉·赫歇尔发现了天王星，最初他将其归类为彗星。他虽没有立即确定它究竟属于哪种天体，但他知道它在夜空中的位置存在变化，所以不可能是恒星。约翰·波得和安德斯·莱克塞尔又做了进一步的计算，结果表明，它的移动方式像是一颗绕太阳公转的行星。这颗新行星是世人借助望远镜发现的第一颗行星，一开始还面临着认同危机，因为赫歇尔最初将它命名为"乔治星"，乔治是当时在位的英国国王的名字，但这一命名在英国以外的地区并不怎么受欢迎。到了19世纪50年代，"天王星"这个名字被最终确定下来。

天文学家很快意识到，尽管天王星明显是在围绕太阳运转，但它的轨道却很奇怪，似乎有个看不见的物体的引力正拉拽着它。19世纪20年代，法国天文学家亚历克西·布瓦尔提出，这种引力可能来自另一个尚未被探知的天体。1846年，法国的奥本·勒维耶和英国的约翰·库奇·亚当斯注意到，人们观测到的天王星运行轨道与根据牛顿引力定律做出的预测存在差异，并各自独立计算出了那个未知天体应在的位置。勒维耶把自己对这颗新天体所做的预测寄给了柏林的天文学家约翰·伽勒。收到这封信的当晚，约翰·伽勒发现海王星的位置与信中的预测几乎完全一致，这是科学预测与实际观测共同发挥作用的一个美妙范例。海王星在许多方面都与天王星相似，但海王星具有更清晰可见的天气模式，两极也按照"正常"的方式上下分布。海王星表面包裹着氨气云及氢和氦组成的大气层，还有一些甲烷，使其呈现出微蓝的颜色。海王星主要是由液体构成的，包含一个尺寸与地球差不多大的岩芯。

在海王星之外便是柯伊伯带——太阳系内的第二个主要小行星带，还有冥王星及另外几颗矮行星。冥王星主要由冰和岩石构成，2015年，NASA发射的"新地平线号"探测器从近距离拍摄了一些照片，展现了冥王星的风貌。发现冥王星的经过有助于说明机缘巧合在科学研究中的重要性。19世纪晚期，天文学家已经研究了天王星和海王星的轨道，推测可能还存在着另一颗行星干扰了它们的轨道。于是，20世纪初，在亚利桑那州的洛厄尔天文台，人们开始寻找被称为"X行星"的第九颗行星。天文学家维斯托·斯里弗建议年轻的同事克莱德·汤博利用不同时间拍摄到的天空照片来寻找位置有所变化的天体。经过了一年的搜寻，1930年，汤博发现了一个似乎正在移动的新天体。人们宣称这是一颗新的行星，并将其命名为冥王星，取自罗马神话中掌管冥界之神的名字"Pluto"。这是英国女学生维尼夏·伯尼向曾任牛津大学博德利图书馆馆长的祖父提出的建议。牛津大学的一位天文学家将她提议的这个名字转告给了美国人。如此一来，11岁的维尼夏便成了世界上唯一一位给行星命名的女性。然而，尽管冥王星是真实存在的，但它的发现只是个巧合：实际上，它的大小还不足以对海王星的轨道造成影响，而且更为精确的计算结果表明，所谓的X行星根本没有存在的必要。

近年来，人们一直在围绕着冥王星进行激烈的争论。2006年，国际天文学联合会在布拉格召开了一次会议，天文学家们共同投票决定将冥王星从行星降级为矮行星。这是一个艰难的抉择，因为当时冥王星早已作为太阳系的九大行星之一而广为人知，在世界各地，学校里的孩子们对它都有所了解。但与太阳系里其余的行星相比，冥王星在某些重要的方面确有不同，尤其是它的体积太小了。天文学家给出了一个正式的定义：行星应该是围绕太阳运行的圆形天体，体积要足够庞大，除其本身的卫星以外，没有其他体积相近的物体在同一轨道上运行。太阳系内的八大行星全都符合上述要求，但冥王星不符合。

与冥王星相似的至少还有四颗矮行星，其中，位于小行星带的谷神星早在19世纪初就被世人所发现，而妊神星、鸟神星和阋神星则是在2004年和2005年由加州理工学院的迈克·布朗领导的天文学家团队发现的。这类矮行星可能还有不少，目前已经发现了数百颗有望被归入此类的天体。创建矮行星这一新的类别，并将冥王星重新归类，这一决定与19世纪赫歇尔等人决意将小行星和行星加以区分的做法如出一辙。随着科学认知的加深，我们可能需要改进对天体进行分类的方式。

尽管冥王星被从行星行列中除名，但太阳系可能仍有第九行星。发现海王星的那段历史现今可能又会重演。2016年，迈克·布朗和同事康斯坦丁·巴蒂金仔细研究了海王星外侧的小型矮行星及小行星的运行轨道，随后预测了一颗新行星的存在。它被恰如其分地命名为"第九行星"，预计比地球重10倍，大小与天王星和海王星相当，与太阳的距离比太阳系里的其他行星要遥远得多。倘若计算正确无误，这颗行星确实存在，那它绕太阳公转一周需要1万多个地球年，在其中的大部分时间里，它与太阳的距离比海王星要远20倍。并非所有天文学家都相信有第九行星的存在，但人们正在对其进行搜寻。

银河系

此时，我们已经来到了太阳系的边缘，准备向太阳系以外遥远得多的地方进发，去了解一下在夜空中看到的恒星，它们激发了我们对太空的好奇。那些恒星美丽而神秘，我们对它们虽感到熟悉，但并不了解。当我们在自家院子里用肉眼对太空进行观察时，除了月球和几大行星，恒星也是最容易看到的物体。不过，我们能看到的恒星数量在很大程度上取决于人类活动造成的光污染。在城市里只能零零散散地看到最亮的星，而在昏暗的乡村仰望夜空，才能真正看到头顶上方的壮丽美景。

两千多年前，希腊天文学家希帕克斯引入了恒星亮度等级划分，我们至今仍在使用这种方式来描述恒星的亮度。在夜空中,恒星的大小似乎略有不同,越亮的恒星看起来显得越大。于是,希腊天文学家们便将最大、最亮的恒星称为"一等"星。恒星的星等越高,看起来尺寸就越小,亮度也越暗,人类在黑夜中用肉眼能看到的最暗恒星为六等星。到了18世纪,天文学家们认识到,所有的恒星都距离我们非常遥远,看起来都像是一个点;只是当我们用眼睛或通过望远镜观看时,较亮的星会显得较大而已。然而,"星等"这个词却被保留了下来。1856年,英国天文学家诺曼·普森正式定义了星等的亮度比。他设定一等星比六等星亮100倍,然后提出了一种亮度比单位,即一等星每比某天体亮2.5倍,该天体的星等就比一等星高一级;一个天体的星等降低了五级,亮度也就增加了100倍(或者是2.5的五次方倍)。普森提出的亮度比在现代天文学中仍在使用。

晚上能看到的许多恒星都是"太阳系邻近空间"的一部分,这个概念指的是离太阳最近的恒星集合,它们在更为辽阔的银河系中一起运行。要到达这些恒星,我们必须想象自己离开了太阳系,向外迈出一大步。离我们最近的恒星是比邻星,它隶属于由三颗恒星组成的半人马座 α 星,与我们仅有约4光年的距离。这就意味着我们看到的光在四年前就已离开那颗恒星,现在才刚到达地球;也意味着倘若比邻星在过去四年间发生了什么,我们也毫不知情,至少现在还无法知晓。这还意味着,假如我们向这颗恒星发射一颗类似于"卡西尼号"的航天器,需要经过5万年以上的时间才能到达那里,前提是能通过某种方式为这段漫长的旅程提供足够的动力。

我们肉眼所能看到的其他恒星的距离从几光年到几千光年不等,数量有几千颗。太阳系邻近空间只包含那些距离在数十光年之内的恒星,数量约有100颗。请记住,海王星与太阳的距离仅为4光时,所以这些恒星与太阳的距离要远上许多倍。假设像前文中将太阳系缩小那样,把整个太阳系邻近空间缩小到一座篮球场那么大，那我们就会发现，相比之下，整个太阳系渺小得就像一粒盐。

如果我们永远也无法抵达那些恒星，那我们又怎么知道它们离得有多远呢？17世纪以前，土星是已知最远的行星，当时的天文学家认为，在土星与哥白尼设想的"第八天体"之间不可能隔着这么远的距离。在这方面推动进步的是荷兰物理学家克里斯蒂安·惠更斯，他是一位令人钦佩的博物学家，做出过众多贡献，包括设计了一架望远镜来研究土星环，发现了土星的卫星——土卫六，发展了光的理论，以及发明了摆钟等。1698年，他利用恒星的亮度作为工具，试图计算出这些恒星离我们有多远。假设所有的恒星亮度相同，倘若有一个人可以站在恒星旁边，他就可以把感知到的天狼星（这是天空中最亮的一颗星）的亮度与太阳进行比较。距离越远，星光看起来就越暗。他想出了一个巧妙的方法来计算要让太阳的亮度降低多少，才能与天狼星的亮度相当，办法就是用一块铜片挡住太阳，在铜片上钻出一个小针孔，再用玻璃盖住。据他估计，太阳比天狼星亮约10亿倍，因此按他的计算得出，天狼星与我们的距离是太阳与我们距离的3万倍，即相距半光年。然而，天狼星与地球的真实距离将近9光年。惠更斯的推算固然令人印象深刻，但可惜计算有误，因为他不知道，天狼星实际上比太阳要亮很多倍。

更准确的计算方法是利用视差，就像我们测量地球到金星的距离那样。用视差法来测量恒星的距离时，我们利用的不再是前面示例中人的左、右眼，而是处于一年中两个不同时间点的地球，时间间隔六个月，这时地球分别位于太阳的两侧。示例中的手指就变成了要推算出其距离的那颗邻近的恒星，而手指的背景就变成了更遥远的恒星，由于距离十分遥远，当地球绕太阳运转的时候，它们看起来根本没有移动。

要推算地球到金星的距离，我们就要从地球的某一侧观察金星凌日的情况，这相当于在之前的示例里闭上一只眼睛。现在，若要推算恒星的距离，我们就要从地球上选定的观测点观察邻近的恒星，测量它在遥远的恒星背景中出现的位置，这也相当于闭上一只眼睛。等到6个月之后，再观察一次这颗恒星，观测它在背景中出现的位置，此时你仍然位于地球上，不过是在地球轨道的另一边，这就相当于闭上另一只眼睛。跟示例中的手指在墙壁背景中发生的偏移一样，该恒星在背景中偏移的幅度越大，离我们就越近。于是，要推算出那颗恒星的距离，只需知道地球所在的两个位置之间的距离即可，而我们已知这段距离为两个天文单位，即约3亿千米（图1.6）。

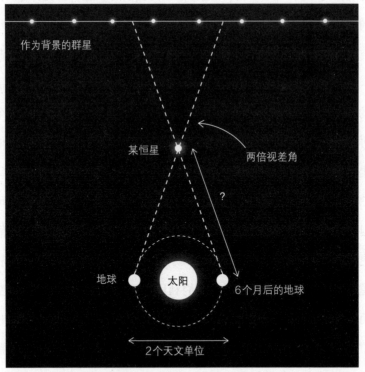

图1.6　利用视差法来确定某颗恒星的距离。当地球绕太阳运行时，这颗恒星似乎向旁边发生了偏移。它移动的幅度越大，离地球也就越近

　　这个想法虽然简单，却难以付诸实践。距离我们4光年的恒星在群星背景中仅仅移动了极小一段距离。这段距离对应的视差角略小于1弧秒，而弧秒是个极小的测量单位：1弧分包含60弧秒，1弧度包含60弧分；要想知道弧秒有多小，就请记住，当你伸直手臂时，你的拇指相较于你的手臂所占的比例约为2弧度，也就是7200弧秒。要想观察到上述这么微小的位移，就需要一台性能卓越的望远镜。18世纪，天文学家曾经尝试过利用视差法进行测量，但当时的难度确实太大。不过，等到19世纪早期，技术便取得了进步，于是在1838年，德国天文学家兼博物学家弗里德里希·贝塞成功测出了天鹅座61（这是一个双星系统，由两颗围绕彼此运转的恒星组成）与地球的距离。他发现，它离我们有10光年远。继他之后，在同一年里，德国天文学家弗里德里希·施特鲁韦测出了织女星与地球的距离为25光年，托马斯·亨德森也测出比邻星与地球的距离为4光年。

　　这种计算距离的方法产生了天文学家所青睐的距离单位——秒差距，即与对应地球轨道半径视差角为1弧秒的物体之间的距离，约为3.26光年。也就是说，当地球在6个月后移动到太阳的另一边时，这个物体偏移了2倍于此的角度，即2弧秒。当我们利用的是架设在地球上的天文望远镜时，借助视差法仅能测出约在100秒差距（300光年左右）内的天体的距离，这样最远也基本只能测量太阳系邻近空间附近的恒星而已。不过，一旦将望远镜送出大气层，所能测量的距离就要远得多了。运用视差法，哈勃空间望远镜可以测量长达1万光年的距离。自2013年以来，欧洲航天局的"盖亚号"卫星一直在用视差法测量数万光年外的恒星的距离。2018年，"盖亚号"团队发布了一份令人惊叹的星表，其中包含了超过10亿颗恒星的距离。

　　我们可以称之为家园的这片空间还要辽阔得多，太阳系邻近空间只是其中一个小小的角落而已。在我们常见的恒星当中，有许多都位于太阳系邻近空间内，如比邻星、天狼星和南河三。但是，夜空中我们尤为熟悉的其他许多恒星（比如北极星及小熊座里的其他恒星、猎户座"腰带"上的恒星）都位于遥远得多的地方，离我们有数百光年之遥。它们是我们更为辽阔的家园——银河系的一部分。银河系是一个巨大的星体集合，包含了大约1000亿颗恒星，它们在共同的引力作用下聚集在一起。银河系浩瀚而宏伟，是一个巨大的旋涡形盘状物，正在缓慢地旋转着。

假如从上往下俯瞰银河系的银盘，我们就会看到正中央是个亮度更高的光核，周围有四条聚满星体的旋臂，正围绕光核顺时针旋转，有点像水池里的水在绕着出水孔旋转。银河系每过两亿多年旋转一周，这比太阳系内的行星公转一周的时间要长得多。太阳系邻近空间位于银河系的其中一条旋臂上，被称为"猎户座旋臂"，大概位于银河系中心到银盘边缘的中间位置。当银河系旋转时，我们也随之移动，就像骑在旋转木马上的人一样。整个太阳系的移动速度高达惊人的每小时约80万千米。

银河系确实相当浩瀚。光从银盘的一边到达另一边大约需要10万年，从顶端到底端大约需要1000年。请记住，光仅需要"短短"数十年就能穿过整个太阳系邻近空间，穿过太阳系更是只需数十小时而已。现在，假如把整个银河系压缩进上文中提到的那个篮球场（之前容纳了太阳系邻近空间的那一个）里，我们就会发现，太阳系邻近空间缩小到了仅有一颗胡椒粒那么大。它会在场内沿着顺时针方向移动，大约在从场地中心到边缘的中点位置。

当然了，顺时针与逆时针该如何定义，取决于上与下该如何定义。作为天文学家，我们已经确定了银河系所谓的"上方"是哪个方向：它位于银盘最接近太阳系"上方"的那一侧，即地球的北极以北的那个方向。但这两个所谓"上方"的方向并不相同，因为太阳系各行星所在的平面与银河系的盘面并没有对齐。如果你将食指向外伸出，拇指轻轻上挑，将银河系的盘面与食指对齐，则太阳系的盘面大致与拇指对齐。

我们永远无法从上方俯瞰银河系。它实在太过浩瀚，目前人类所能制造出的任何航天器都无法冲出银河系。不过，我们可以从内部来进行观察，设法了解从上面遥远的地方俯视我们的某种存在会看到怎样的图景。在晴朗的夜晚，繁星点点的银盘在天空中就像一条朦胧的光带，这条天河带来的灵感让人们想出了"银河"这个令人回味的名字。银河的光比天空中最明亮的那些星星要暗淡一些，所以在城市里很少能看到它。

为什么它看起来会是这样呢？我们可以想象一下，繁星汇成的盘面有点像平底锅的盖子，太阳就镶嵌在其中，位于从中心的盖柄到盖子边缘的中间某处。仰望天空时，我们会看到什么呢？不妨想象自己正置身于锅盖内，平底锅盖上缀满星星。因为邻近的星星环绕于四面八方，所以我们看到邻近群星散落在周围的各个方向，遍布于天空中。当我们径直朝锅盖对面看去、目光横穿银河系的银盘时，看见的星光源于众多星体，这条光带的光芒就显得更为明亮；而当我们朝锅盖外的任何一个方向看时，看到的星星数量要少得多，除了一颗颗明亮的星体，看到的唯有黑暗（图1.7）。作为单颗天体，能被我们用肉眼识别出的最遥远的星体位于数千光年之外。由于我们与银河系的中心有将近3万光年的距离，那些更加遥远的恒星发出的光芒唯有通过望远镜才能分辨出来。早在1609年，伽利略就在这条光带中首次识别出了恒星。

当然，银河系中绝不仅仅有恒星。我们现在认为，至少半数的恒星都有自己的行星。银河系中还充满了其他物质，包括微小的宇宙尘埃颗粒、氢气云和氦气云、黑洞，以及其余种种怪异而奇妙的存在。这些内容我们将在后续章节中讲到。宇宙尘埃对我们所能看到的东西具有重要的影响，

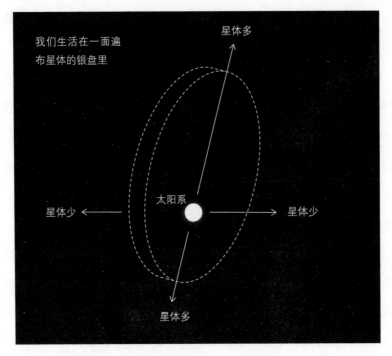

图 1.7　为什么我们眼里的银河是夜空中的一条光带

因为有许多尘埃阻挡或吸收了星光，使银河系本应明亮得多的光带变得较为暗淡。如果没有宇宙尘埃，夜空会比现在明亮许多，尤其是银河系的光芒会更加璀璨。

我们不太清楚银河系的年龄有多大。它最初形成的时间可能是在130多亿年前。我们之所以知道这一点，是因为银河系中的某些恒星几乎与宇宙一样古老。不过，银河系当时的模样与现在不尽相同，因为银盘可能经过很长一段时间才出现，而且银河系过去或许与其他星系发生过碰撞和融合。很可能直到大约100亿年前，银河系才呈现出我们如今所熟悉的形态。这个观点我们在第五章中还会加以阐述。

要想弄清楚我们的银河系有多大，需要一些新颖的想法。我们已经明白，视差法依赖于测量当地球绕太阳公转时星体相对于背景移动的幅度，这种方法仅能测量地球之外大约300光年的距离；即便利用太空望远镜，能测量的距离也只能达到几万光年。而我们在此讨论的是着手测量作为视差法背景的那些星体本身，其与我们之间的距离已经达到了10万光年以上。我们怎么知道它们距离我们有多远呢？当地球围绕太阳运行时，那些星体在夜空中似乎并未移动分毫。还必须再构想出别的方法才行。

亨丽爱塔·斯万·勒维特是20世纪初哈佛大学的一位天文学家，在获得新方法的过程中，她起到了至关重要的作用。当时，她正在研究一种名为造父变星的恒星，这类恒星的亮度不断脉动，随着某种规律变化，忽明忽暗。1908年，她发现了这类恒星存在的一种模式：这种恒星的光越明亮，其脉动周期就越长。一颗亮度很高的造父变星每隔数周或数月才会发生一次脉动；而暗淡的造父变星则仅需短短几天。

这个发现改变了沿袭已久的规则，勒维特本人的经历更让这一发现显得非同寻常。她出生于1868年，曾就读于俄亥俄州的欧柏林学院，随后又就读于后世所称的拉德克利夫学院——哈佛大学附属的女子学院（当时哈佛尚不招收女生）。起初她学习的是音乐，后来发现自己对天文学很感兴趣，可惜毕业后她身患重病，导致严重失聪，但她对天文学的热情依然高涨。1895年，她开始在哈佛大学天文台担任志愿者，为天文学家爱德华·皮克林工作。几年之后，她受雇成为这里为数众多的女性"人肉计算机"中的一员，领着每小时仅30美分的微薄工资，工作就是查看拍摄星光的摄影底片。皮克林的计划目标之一就是要将所有已知星体的亮度加以分类。身为女性员工，勒维特无权自行操作望远镜，也不具备探讨自身理论观点的自由。她的任务是不辞辛苦地对不同夜晚拍摄的照片加以对比，借此寻找亮度有所变化的恒星。这项工作她完成得非常出色，她一生中取得了众多成就，其中之一便是发现了2000多颗变星。

勒维特利用麦哲伦星云中的恒星找出了造父变星的脉动模式，这一规律被称为"勒维特定律"，在当今天文学界越来越广为人知。大、小麦哲伦星云是夜空中的两团天体，用肉眼看起来就像白色的污迹，很容易被人误以为是真的云。当时，它们曾被世人当作银河系内的恒星群，如今我们已经知道，它们其实是河外星系，因此也被称为麦哲伦星系。麦哲伦星系只有在南半球才能看到，勒维特利用在秘鲁拍摄到的麦哲伦星系的照片找到了25颗造父变星，它们全都显示出亮度和脉动规律之间的这种特定关系。这样的关系模式在这些恒星上表现得更为明显，因为它们与地球的距离全都相差无几。

勒维特的发现具有极其重大的作用。我们即使无法实际到达某一颗恒星，也可以用望远镜来观察它，记录下它发生脉动的周期。知道了造父变星的脉动周期与亮度之间的关系，就能推断出假设恰好站在该星旁边，它的亮度有多大。由此一来，造父变星便成了天文学中所谓的标准烛光，具有已知的固有亮度。通过用望远镜测量这颗恒星在地球上看来有多亮，我们就能推算出它的距离有多远。距离越远，这颗恒星看上去就越暗。

借助这些造父变星，我们便可对银河系最遥远的地方乃至银河系之外的天体加以测量，时至今日，在对宇宙星体距离的测量中，这仍然是最重要的方法之一。美国天文学家哈罗·沙普利曾于1921年至1952年间担任哈佛大学天文台台长，正是他运用1919年之前的几年中恒星的脉动表现测出了银河系的大小，并确定了太阳系在银河系中的位置。他利用当时世界上最大的望远镜——加利福尼亚州威尔逊山天文台的1.5米口径望远镜，测出了聚集在一起的"球状星团"中恒星与地球的距离。球状星团是成百上千颗恒星在引力作用下聚集到一起的密集星群，遍布于整个银河系中。为了进行这项研究，他借用了脉动速度比造父变星更快的一类恒星——天琴座RR型变星，它们的脉动周期与亮度之间也存在着与造父变星相似的规律。天琴座RR型变星的情况表明，银河系中的恒星组成了一个扁平的圆盘，其直径超过10万光年，而太阳系距离银河系的中心大约有圆盘半径的一半。

本星系群、星系团、超星系团

直到大约一百年前，世人还以为整个宇宙可能就是单单由银河系构成的。如今我们已经知道，银河系并不孤单，它只是或许无穷无尽的星系当中的一个而已。这些星系共同组成了一个个群落，相当于宇宙中的"小镇"和"城市"。有些星系存在于宇宙的"小镇"上，这样的群落大概由上百个星系组成，称为星系群。其他星系则存在于规模更大的群落中，即所谓的星系团，大概由数百到数千个星系组成。银河系存在于由50多个相邻星系组成的星系群中，我们称之为"本星系群"。将这个星系群中的各个成员聚集到一起的是引力，也就是这些星系中所有恒星和其他物质的全部质量所产生的吸引力。

如今我们已经知道，距离最近的河外星系是大麦哲伦星系和小麦哲伦星系。这两个星系位于银河系下方十分遥远的位置，因此只有身在南半球的人才有幸目睹。对生活在北半球的人来说，去南半球旅行并在天空中突然看到它们，实在是件相当激动人心的事。16世纪，麦哲伦从西班牙出发，企图找到一条通往香料群岛（亦称东印度群岛）的新航线。在这次史诗般的航行中，欧洲人首次目睹了这两个星系，于是将其命名为"大、小麦哲伦星云"。当然了，在这次航行之前，它们早已被生活在南半球的人所熟知，在澳大利亚、新西兰和波利尼西亚的土著居民口头流传的故事中都出现过。

整个本星系群的直径约为1000万光年，大约相当于银河系直径的100倍。除了银河系，本星系群中只有一个大星系——仙女星系，同样是个旋涡星系。它与我们的距离超过200万光年，比小麦哲伦星系要远10倍还不止。仙女星系的直径约为20万光年，包含了上万亿颗恒星。现在，假设想象一下，把本星系群压缩到前文中反复用来举例的那个篮球场那么大，银河系大概只有一张CD那么大，而仙女星系的尺寸则相当于一个大锅盖，两者之间的距离大约有3米。假如用这样的比例来衡量，那大麦哲伦星系差不多有一粒葡萄那么大，而小麦哲伦星系则只有一粒花生米那么大。

仙女星系是我们单凭肉眼在太空中能看到的最遥远的天体之一。不借助望远镜的话，只能看见中间最亮的那部分，所以仙女星系看起来很像一颗恒星。用一架不错的望远镜可以看到它的整个盘面，看上去比月亮还要大，大约相当于你伸直手臂时将食指、中指和无名指并拢到一起的宽度。在飞马座和仙后座之间的夜空中可以找到它的踪影。这些星座中包含的恒星全都位于银河系内，却可以引导我们将目光投向更遥远的仙女星系。

至少自10世纪以来，仙女星系在夜空中就已为世人所熟知，曾经出现在《恒星之书》中，它在该书中首次被描述为一朵"小云"。后来，到了17世纪，德国天文学家西门·马里乌斯用望远镜辨认出了仙女星系，他与伽利略生活在同一时代，曾为木星的四颗大卫星命名。仙女星系后来又出现在一份重要的星表中，制作这份星表的人是法国天文学家查尔斯·梅西耶，他最早在约瑟夫·德利勒（在前面所述金星凌日的观测过程中发挥过重大作用的法国海军天文学家）手下工作。梅西耶的著作出版于1760年，其中收录了100多个被他称为"星云"的天体，这些天体在天空中呈弥散状分布，明显不是单独存在的恒星。当时的人们还不知晓它们究竟是什么，在那个时候，甚至都没人知道仙女星系或其他这类天体实际上位于银河系之外。

目前，仙女星系与银河系的距离超过200万光年，但天文学家们相当确信，几十亿年后，这两个星系必将发生碰撞。两者正以超过每秒80千米的速度向对方飞去，而且没有掉头的可能。星系间发生碰撞虽然属于重大的事件，但未必会给组成星系的行星和恒星带来浩劫。在太空环境中，恒星本身极为渺小，而恒星之间相隔的空间又极大，所以当星系撞到一起时，这些星体几乎没什么可能发生实际碰撞（这一点我们会在第五章中继续加以探讨）。

本星系群中的其他星系都比银河系要小。其中最大的是三角座星系，该星系比仙女星系离我们稍远一些。三角座星系实际上并非三角形，而是圆盘形，之所以名为"三角"，是因为它在天空中的位置处于银河系众星形成的那个明亮的三角形中。三角座星系也出现在梅西耶的星表中，仙女星系的编号是M31，三角座星系则为M33。天文学家现今普遍使用的多为梅西耶星表中的名称。在本星系群其他已知的星系中，大概有50个都是规模不大的"矮"星系，它们像卫星一样围绕着银河系旋转。另外大约有20个矮星系围绕着仙女星系旋转。时至今日，我们还在不断地发现围绕银河系运行的全新矮星系。

直到20世纪20年代，天文学家才发现，这些邻近的天体和其他星云实际上都位于银河系之外。长久以来，在天文学家和其他知识分子当中，这种可能性一直备受争议，其中最广为人知的便是美国天文学家希伯·柯蒂斯和哈罗·沙普利之间的那场"世纪大辩论"。1920年4月某个周一的下午，两位天文学家就这些星云及它们对理解宇宙的规模和本质有何意义展开了辩论。沙普利认为，银河系就是宇宙中的全部，即宇宙是仅由这一个星系组成的；但柯蒂斯认为，某些星云实际上是独立存在的星系，与我们的星系并不相同，或者叫作"宇宙岛"——他从哲学家伊曼努尔·康德那里借用的一个术语，早在一百多年前，康德就推测这些星云位于我们所在的星系之外。1908年，亨丽爱塔·勒维特发现了造父变星的脉动模式，事实证明，这一发现成了天文学家埃德温·哈勃得以在1924年解决这场争端的关键。哈勃在夜空中某些星云暗淡的光晕中发现了造父变星，借此推断出它们必定位于银河系之外，因为这些恒星实在显得过于暗淡，不可能在银河系内（这一问题我们会在第四章再讨论）。

　　如果我们将视野从自身所在的星系群或星系团继续向外扩展，还会发现更为庞大的存在——超星系团，它是整个宇宙中我们能看到的最大天体。超星系团由成百上千个星系团和星系群组成，不像单个星系或星系团那么容易界定，因为它们没有这样清晰的边界。事实上，即便是现在，对于本超星系团的起止范围，天文学家们仍旧未能达成一致。

　　超星系团中的各个星系团、星系群和星系是由引力维系在一起的；每个超星系团的宽松界定也由此而来。有一种方法可以确定其边界：如果某星系团或其中某个单独的星系朝该超星系团内的其他天体移动的幅度较大，朝另一个超星系团移动的幅度较小，就可以算作属于这个超星系团的成员。但是，对于超星系团成员界定的确切规则，目前尚未达成一致意见。一些天文学家表示，我们应当把超星系团看作最终会在未来某一时刻朝彼此的方向坍缩的天体群。

　　直到2014年，大多数天文学家仍一致认为，我们所在的这个超星系团是由大约100个星系团和星系群组成的，名为"室女座超星系团"，它总共由大约100万个星系组成，得名于其中最大的室女星系团。天文学家计算得出，室女座超星系团的整体直径约为本星系群的10倍，超过1亿光年。直到20世纪70年代，人们才开始利用对遥远星系的最新巡天观测方式来确定室女座超星系团的形状。观测结果显示，该超星系团中最大的部分看起来像个被压扁的椭圆体，类似于橄榄球，中心是一个大星系团，周围是由较小的星系群形成的长条形细线。

不过最近，人们又对室女座周围的超星系团中星系的运动进行了更深入的探索，结果表明，本超星系团的边界应该重新向外划定。如此一来，室女座超星系团只不过是体量庞大得多的一个超星系团的一角而已，这个超星系团被称为"拉尼亚凯亚"，在夏威夷语里意为"无尽的天堂"，它将室女座超星系团与另外三个之前被视为超星系团的天体结合到了一起。拉尼亚凯亚超星系团的范围大约是室女座超星系团的5倍，其形状并不规则。假设拉尼亚凯亚超星系团相当于篮球场大小的话，那本星系群不过相当于一个西瓜而已。拉尼亚凯亚超星系团是否可以界定为超星系团仍有待确定，2015年的一项研究表明，其中的各个星系和星系团未来可能会分道扬镳。

拉尼亚凯亚超星系团实在太过浩瀚，如果我们放眼望向它的边缘，看到的会是早在几亿年前的景象。我们的望远镜捕捉到的光甚至早在恐龙出现之前就已经离开了那些遥远的地方。当那束光穿过太空时，恐龙出现了；大约在那束光到达室女座超星系团边缘时，恐龙灭绝了。然后，它还要再走6000多万年的时间，才会来到银河系，并最终到达地球。

即便借助功能强大的望远镜，我们能看到的最遥远的造父变星也仅有1亿光年左右的距离，仍然处于本超星系团内，所以，要想弄清本超星系团有多大，我们只能依赖于一种新的测量方法。为了判断更遥远星系的距离，我们转而使用了另一种标准烛光：处于爆炸中的极其明亮的恒星，在短暂的时间内其亮度超过了包含数十亿颗恒星的整个星系。这是一种特殊类型的恒星，稳定时被称为白矮星，爆炸时被称为Ia型超新星。当质量超过太阳质量的1.4倍时，白矮星就变得不稳定了，这个特定值是由印度裔天体物理学家苏布拉马尼扬·钱德拉塞卡于1930年计算出来的。人们认为，当两颗围绕彼此运行的白矮星合二为一时，或者当某一颗白矮星从伴星那里吸收了额外的质量后突然变得不稳定时，就会发生爆炸。至于这一现象究竟是如何发生的，其确切的本质尚不清楚，但Ia型超新星的爆炸遵循着相似的模式：先是变得越来越亮，然后在数天或数周内暗淡下来。天文学家已经确定，它们的最大亮度与其保持明亮的时间有关，且这种关联方式是可预测的。按照与造父变星相同的原理，我们便可利用超新星保持明亮的时间长短来推断其固有亮度，然后通过测量从地球上观察到的超新星亮度，就可以计算出爆炸是在多远的距离外发生的。借助这些超新星，我们得以测量远至170亿光年外的星系距离，这远远超出了本超星系团的范围，已经到达了可观测宇宙的最远端。

宇宙的尺度

至此，我们向外迈出了最后一步，获得了非凡的视角，可以将整个可观测宇宙尽收眼底。在这个最宏大的尺度上，宇宙犹如一个由超星系团组成的复杂网络，这些超星系团总共包含了大约1000亿个星系，这些星系又以较小的星系团和星系群的形式汇聚在一起。每一个这样的星系中都包含了大约千亿颗恒星，而在这些恒星当中，又有许多都附带有绕其运转的行星系统。群星的数量实在浩如烟海，难怪大多数天文学家都不免猜测，在宇宙中的其他地方也存在着某种形式的生命。

所谓"可观测"宇宙，指的是从地球上能观测到的宇宙。可观测宇宙的界限并非取决于我们的望远镜有多精良，而是取决于宇宙的年龄有多大。我们所知的宇宙并非自始至终都一直存在。如果我们能看到某个遥远的星系，那就意味着它的光有充足的时间穿越太空、传到地球。而更远的星系与地球的距离则太过遥远，它发出的光还没来得及传到地球上，这样的星系超出了我们的宇宙视野，也超出了探索的范围。

那么，这个视野到底有多广阔呢？我们会在第四章论及宇宙的诞生和它的年龄。这里不妨先这么说：天文学家已经计算出，无论是哪一个方向，宇宙的范围都远至约500亿光年之外。这个范围远超过140亿光年（这是光在现今所知的宇宙生命周期内所能走过的距离），因为在这段时间里，空间一直在膨胀。因此，可观测宇宙呈球形，以地球为中心。当然，这并不是说我们的实际位置处于宇宙的中心；根据定义，我们只是处于能观测到的这部分宇宙的中心。现在，假如我们想象一下，把整个可观测宇宙压缩进那个篮球场里，那位于中心位置的本超星系团拉尼亚凯亚大概就只有一块饼干那么大了。

为了弄清本超星系团外那些极为遥远的星系和超星系团到底有多远，我们仍可借助明亮的超新星，它们可以把我们的视野带到可观测宇宙的边缘。但是，在远眺可观测宇宙的边缘时，我们必须努力应对天文学所具备的一个利弊参半的特征，即观察遥远太空的时间机器本质。尽管现今宇宙中的每一处地方都非常相似，充满了星系、星系团和超星系团，但我们观察宇宙的方式稍有些不同寻常，因为光传到这里需要耗费一定的时间。太空中的天体呈现在我们眼前的是光从那里出发时的模样。也就是说，我们眼中看到的距离最近的层层空间，其实是它们千百年前的模样；而一层一层继续放眼向外眺望时，太空分别向我们展示了数百万年乃至数十亿年前的面貌，那时的宇宙要比现在年轻得多。在可观测宇宙的边缘，我们观察到的是非常年轻的宇宙，其形态与较为古老的部分迥然不同。到目前为止，那些遥远的地方大概也已经演变成了与我们所在的这部分空间相似的模样。

这既令人惊叹，又让人略感困惑。也就是说，我们永远也无法看见整个太空此刻的模样。但这又意味着我们可以看到过去，可以看到太空中其他部分昔日是什么样。这一点大有裨益，因为这有助于拼凑出我们的宇宙经历了怎样的过程。不妨想象一下，假如有个外星人遇到了一大群人，个个都是80岁。光看这群人，外星人很难了解他们是如何形成、如何出生、如何成长的。

现在再想象一下，这个外星人看到的是一群年龄各异的人，有些是婴儿，有些是儿童，有些是年轻人，有些是中年人，还有些是老人。如此一来，外星人对于人类生命的轨迹及其中的各个阶段进行理解就要容易得多。当我们将目光投向太空深处，看到其他星系和恒星过去的模样，情况就跟这个外星人遇到的差不多了。这有助于我们思考自身所在的这部分空间（包括太阳系在内）在数百万年乃至数十亿年间曾经发生过怎样的变化。

我们已经到达了这段探索之旅的终点，从地球开始一层层向外，一直到达太空中最庞大的那些天体。假设要像写信一样，写下我们在宇宙中的完整地址，那就应该这样来写：可观测宇宙，拉尼亚凯亚或室女座超星系团，本星系群，银河系，太阳系邻近空间，太阳系，地球。就像阅读世界地图册时那样，我们尽量不要企图同时描绘出所有不同的尺度或疆域，大脑无法轻松地处理不同范围的尺度和不同层次的细节。在地图册里，我们可能会先看一幅世界地图，然后再看一幅全国地图，接着是某个省市的地图，最后才是某村镇的地图。天文学也是如此。如果我们设法把自己的思考范围限定在其与上下一层的关联上，那对宇宙中的每层疆域都可以应付自如（图1.8）。

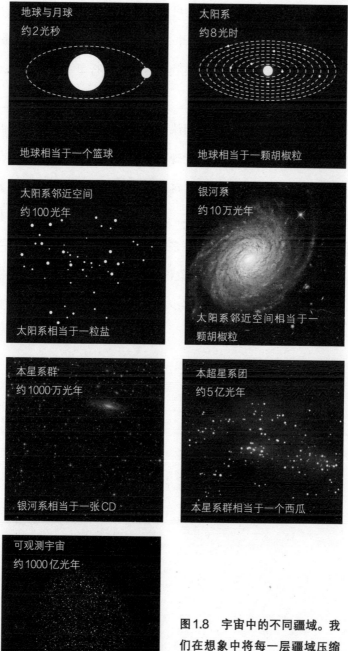

图1.8　宇宙中的不同疆域。我们在想象中将每一层疆域压缩到相当于一个篮球场那么大的空间里

与阅读世界地图册类似，我们也可以想象从最高层级开始，先看整个宇宙的地图，然后逐级向下，进入一个个完全不同的领域——某超星系团、某星系群、某星系、某恒星系统，最后降落在某颗行星上。我们的地球只是无数的着陆地点之一。

视野之外的宇宙是怎样的？我们认为，它仍在继续向外延展，与视野内的宇宙大同小异，远远超出了所能观察到的范围。我们认为宇宙是无边无际的，在第四章里还会继续来探讨这个观点。尽管这可能难以想象，但宇宙或许是无限大的。无论它有多大，宇宙中很可能还包含着更多相同的东西：更多超星系团、更多星系、更多恒星和行星。乍听起来，这可能很乏味，但只要略一思忖，就可以想象得出其中必定包含了怎样丰富多样的存在：有多少星系、多少恒星、多少行星，其中又有多少可能存在着生命呢？

我们来自恒星

在本章中，我们会进一步了解那些照亮天空的恒星，包括太阳乃至银河系之外遥远太空里的恒星。恒星是光、热和生命之源，对我们的存在至关重要。恒星产生了各种基本成分，构成了我们呼吸的空气、摄入的食物和组成身体的细胞。我们将了解到恒星为什么会发光、它们会经历怎样的生命与衰亡，以及恒星周围可能还有哪些其他的星球。要了解光辉灿烂的恒星，我们首先需要理解天文学运用的基本工具——光和望远镜的工作原理。

光与望远镜

光以高达每小时10.8亿千米的惊人速度穿过太空，我们可以将其想象成传播到我们这里的一组波，每一道光都在上下波动，就像池塘里扔进一块石头之后泛起的波纹。池水的波纹可能会在波峰之间以有规律的方式出现间隔，波长可能有几十厘米。特定波长的光在波峰之间也有规律性的间隔。我们人类的眼睛经过进化之后，看到的是一种非常独特的光，由彩虹中从红到紫的各种颜色组成。人眼将光的不同波长转化为不同的颜色，我们能看到的光的波长比池水表面波纹的波长要短得多。红光在我们能看到的光中是波长最长的，其波峰之间的间隔极小，略小于千分之一毫米。随后是橙、黄、绿、蓝等颜色的光，每一种颜色的光的波长都比上一种要短些。紫光的波长最短，大约仅为红光波长的一半（图2.1）。

白炽灯或太阳发出的白光或黄光其实是由许多不同波长的光组成的，其中包含了彩虹的所有颜色。1672年，艾萨克·牛顿在实验中用玻璃棱镜分解了太阳光，首次证实了这一点。光在玻璃或水中的传播速度比在空气

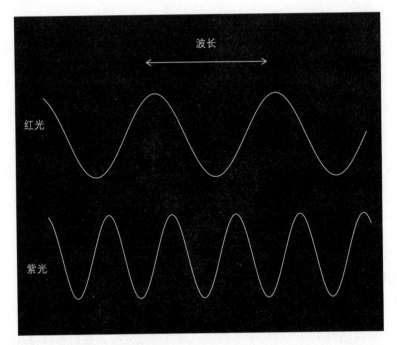

图2.1 光的颜色取决于其波长

中要慢，而且光的波长越短，速度减缓的幅度就越大。所以，蓝光穿过玻璃的速度比红光要慢，这就导致蓝光进入玻璃时比红光弯曲得更厉害。射入棱镜的光是白色的，但射出时却分解成了彩虹般的各种颜色。我们在彩虹中也可以看到同样的效果：阳光在穿过空气中的众多水滴时发生折射，从而分离出了各种肉眼可见的颜色。

我们对由各种颜色的可见光形成的彩虹极为熟悉，经过进化的人眼之所以能看到这些特定波长的光，可能是因为在太阳发出的光里，这些光占比较大。但光的种类其实比可见光更丰富，人眼所能看到的种类只是一小部分而已。相比之下，某些光的波长要长得多或短得多，如红外线、紫外线和无线电波，这些光是我们的眼睛看不见的。

在研究天文学时，我们观察的是来自天体的光。人眼虽然神奇，却有两项明显的局限性：我们既无法将视线的焦距调节到可以观察遥远光源的程度，也无法看到不可见光。长期以来，天文学家在设法弥补这些缺陷，而弥补缺陷的关键就在于过去400年间研制出的种类繁多的望远镜。

最早出现的望远镜是大家最熟悉的那种，即用玻璃透镜聚焦可见光的折射望远镜。当光以一定角度射入弧形的透镜时，光传播的路径会发生弯曲，因为玻璃减慢了光的速度。望远镜的物镜可以接收到许多光，并凭借弧形的设计，使其偏折后集中到一个更小的区域（图2.2）。接下来，再使用较小的目镜，将集中的光偏折为一条直线，然后进入我们的眼睛。这种方式聚焦了许多光，放大了产生的图像，并使其变得更为明亮。物镜的镜头越大，聚焦的光就越多。最早的望远镜出现在17世纪初的荷兰，由眼镜制造商汉斯·利伯希、雅各布·梅修斯和扎卡里亚斯·扬森各自独立发明，

图2.2　透镜可以改变光的方向

他们发现两枚眼镜片一起使用可以放大远处的图像。这种发明最初被称为"窥器",后来被荷兰军队急切地用于监视海上的敌舰。远在威尼斯的伽利略对这一想法也有所耳闻,1609年,他自己制作了一副望远镜,用直径为4厘米的透镜将物体放大了数十倍。众所周知,他举世闻名的壮举是把望远镜对准天空,看见了月球上的陨石坑,还发现了木星的几颗大卫星。他可以看到肉眼看不见的星体,于是便把其中最大最亮的星体命名为"七等星":它们的光比前人进行过观察和分类的所有星星都更暗淡。

　　1611年,约翰内斯·开普勒对伽利略设计的望远镜做了改进。之前伽利略使用的目镜是凹透镜,而开普勒则改用了凸透镜。然后,他把目镜移到了距离物镜足够远的位置,如此一来,穿过物镜并发生偏折的所有光先聚焦于一点,然后在射入目镜之前还会继续前进。通过这样的望远镜看到的图像是上下颠倒的,但是可以看到更大面积的天空。时至今日,开普勒设计的折射望远镜仍然很受业余天文爱好者的喜爱,在许多专业领域里也具有至关重要的作用。目前仍在使用的折射望远镜中,最大的一台位于威斯康星州的叶凯士天文台,其透镜直径为1米。如今,在专业级应用中,不再是通过人眼来观察,而是用数码相机对图像进行拍摄记录。

　　由于重力会使玻璃镜片变形,因此折射望远镜的直径不可能比1米大太多。为了克服这一限制,更大的专业级望远镜采用的是反射望远镜。这类望远镜不使用透镜,而是用曲面镜来汇聚光,再将其反射到目镜或相机上一个较小的焦点。反射望远镜的尺寸可以比折射望远镜大上许多,最大的镜面能以最清晰的分辨率捕捉到精确的细节。最早的反射望远镜之一是艾萨克·牛顿在1668年研制而成的,使用的曲面镜的镜面直径仅为2.5厘米左右。

　　反射望远镜彻底改变了人类观察遥远太空的能力,目前最大的反射望远镜使用的镜面直径达到了8到10米。这样庞大的望远镜让我们得以看到亮度仅为27星等的暗淡天体，比黑夜里用肉眼能看到的最暗星体要暗21个星等，即亮度仅为其几亿分之一，这简直令人不可思议。为了在观察遥远的天体时捕捉到更清晰的细节，有一支天文学家团队正在智利建造大麦哲伦望远镜，该望远镜由一组7面直径超过8米的镜面组合成直径超过20米的反射镜，将于21世纪20年代投入使用。与此同时，欧洲南方天文台（ESO）也正在建造一台望远镜，它被恰如其分地命名为"超大望远镜"，镜面直径将会达到40米。

大多数望远镜都是在地球上进行工作的，由于光要先穿过大气层，所以拍摄到的图像质量会受到限制。导致星体出现闪烁的效应同样会使恒星或星系放大后的图像变得模糊。人们将望远镜安设在地球上海拔较高的地方，这里大气相对稀薄，且选择的地点气候干燥、万里无云、空气静止无风，这种做法在一定程度上解决了上述问题。其中最理想的地点包括夏威夷的冒纳凯阿火山、智利的山顶和加纳利群岛的火山等。

位于太空中的望远镜可以进行更为清晰的观察。早在20世纪20年代，天文学家就有将望远镜送入太空的雄心壮志，不过这种想法直到1990年才得以实现。那一年，著名的哈勃空间望远镜被发射到了地球轨道上，这架反射望远镜的镜面直径将近2.5米。将望远镜送入太空经历了一个漫长的过程，这一项目的发起人是美国天文学家莱曼·史匹哲，他在1946年便提出了建造大型太空望远镜的想法。20世纪60年代，天文学界认识到了这个项目的重要性；1970年，该项目得到了NASA的支持，但险些又落了空：由于预算有所削减，美国国会在1974年取消了这笔资金。同在普林斯顿大学的莱曼·史匹哲和天体物理学家约翰·巴卡尔带领着一众天文学家苦苦游说，几年后，该项目所需的资金终于得以批准。在1990年发射升空以后，哈勃空间望远镜仍然面临着种种困难：当它开始回传图像时，图片的质量很差，可以明显看出镜面打磨的方式并不恰当。在1993年执行的一次英勇的任务中，NASA的宇航员们对其进行了修复，使它为天文界提供了20多年出类拔萃的服务。哈勃空间望远镜为我们拍下的一些照片在天文学史上或许堪称最具标志性。

直到20世纪30年代，望远镜还只能放大和聚集可见光。如今，我们使用的望远镜能观测到所有类型的光，可以借此看见宇宙全部的辉煌盛景。有些类型的光难以穿透地球大气层，唯有在太空中才能正常观测。现在，我们要依次来讲述这些不同类型的光，先说一说波长比可见光更长的光，再讲一下波长比可见光更短的光。

波长比可见光稍长的光叫作红外线。太阳传到地球上的能量大约有一半都是以这种形式抵达的。凡是会发热的东西都会产生红外线，包括人体在内，对像消防员这样的专业人员而言，这一点很有帮助，他们可以使用红外相机在烟雾弥漫的建筑物中寻找温热的身体。某些动物（包括蛇、水虎鱼和蚊子）可以凭借眼睛或身体上的其他部位来感知红外线；某种程度上来说，我们通过皮肤感知热量也可以算作对红外线的感知。

1800年，在使用玻璃棱镜将光分解成七色光时，威廉·赫歇尔首次发现了红外线。他感兴趣的是测量不同颜色光的温度，当时他针对每一种颜色的光都放置了温度计。他发现红光比紫光更热，作为实验的一部分，他把温度计移到了略超出彩虹中的红光部分以外的位置，出乎意料的是，他发现那里的温度比方才测量过的其余部分都要高。他断定自己发现了一种新的光，这种光很温热，但我们的眼睛却看不见它。

有一类望远镜专为观测红外线而设计，特别适合于观测太空中温热却不发出可见光的物体。这类望远镜的工作原理与光学望远镜相同，但不是将光投射进人眼或带有感光元件的光学相机，而是投射进装有另一种探测器（用于捕捉波长较长的红外线）的相机。事实上，一些手机上的摄像头与此略有相似，也可以捕捉到一些红外线。你只要将遥控器对准手机，打开手机摄像头，然后按下遥控器按钮，便可看见手机屏幕上出现了一个点。这是因为，遥控器会发送一束红外线来传递指令，当你按下按钮时，红外线就会被相机接收并在手机屏幕上形成一个点。

在天文学中，红外线具有尤为重要的作用，因为它可以穿过阻挡可见光的物质，如宇宙气体云和尘埃云，让我们得以一窥太空中平常看不见的部分。然而，地球大气层里充斥着大量的水蒸气、二氧化碳和甲烷，阻隔了来自太空的大部分红外线，因此，最好的红外望远镜都是在大气层外的太空中工作的。

顺着非可见光的光谱继续外移，微波的波长为1毫米到1米，比红外线更长。微波或许是光波中我们最能切实感知到的部分，这在一定程度上要归功于它与常用的微波炉之间的关联。微波炉的工作原理是：让微波填满一个封闭空间，在空间的墙壁上来回反射；微波会让食物中的水分子旋转，并与附近的其他分子发生碰撞，从而使食物升温。我们可以用老式的微波炉来做一个有趣的实验，借此观察光波的活动模式。假如把盛满巧克力豆的纸盘放进微波炉里，把旋转装置取出，让微波炉加热几秒钟，你就会看到部分巧克力豆基本不受影响，而在与其间隔6厘米左右的位置上，另一部分巧克力豆则被融化了。这些受热点表明了微波在微波炉里来回反射时的波峰所在，也是制热效果最强的地方。在老式微波炉里要让食物旋转，是为了防止食物的同一部分始终处于温度最高的位置。这个实验在不带转盘的新型微波炉里是无法进行的，这类微波炉里的微波光源本身代替食物发生了旋转，所以巧克力豆会均匀地融化。

　　除了加热食物，我们对微波的应用还有多种方式。例如，将某个设备连接上无线网络时，微波会在相距最近的路由器和你的手机或笔记本电脑之间传播，来回传递信息，让你与世界相连。人造微波形成了巨大的杂音，导致天文学家难以分辨出太空中发射着微弱微波的物体。在设计微波望远镜时，我们不得不小心地设法使其避免被人类制造出的信号遮蔽。有一种重要的天文微波信号来自我们所能观测到的太空中最遥远的部分，这一点将在第四章中加以讨论。

　　波长大于1毫米的光波统称为无线电波（包括微波），它们无处不在，每时每刻都正从我们身旁掠过，并穿透我们的身体。无线电波可以穿透墙壁，正因如此，你家中的收音机和电视机才可以接收到无线电信号，并将其转换成声音和图像。无线电波除了为电台和电视台传送信号，还经常用于现代通信中，尤其是手机，其发送和接收的无线电波波长在30厘米左右。当我们对着手机说话时，根据话语进行编码的无线电信号就从手机发送到散布在全球各地的一连串电话信号塔上，然后再传到通话对象的手机上。信号在两人之间传递的时间仅需几毫秒，所以我们几乎可以进行实时通话。

　　通过深入了解来自太空的无线电波，天文学家已经开展了众多引人入胜的研究，包括发现并研究快速旋转的恒星，以及观察旋转的盘状物质如何被吸入星系中心的巨大黑洞，在这个过程中，经常会产生壮观的无线电波喷射流。在本章和下一章里，会对此进行更详尽的阐述。无线电波可以通过地球的大气层，因为它们的波长远远超过大气中物质分子的尺寸，所以大气不会散射或吸收这些光。这就意味着我们可以在地球上建造射电望远镜，也可以在白天加以使用。射电望远镜的镜面尺寸一般都比光学望远镜或红外望远镜大得多，因为接收的光波长更长，要看到同等程度的细节，就需要配备更大的镜面。镜面将无线电波反射到无线电接收器上，相当于将可见光反射到相机里。世界上著名的射电望远镜包括但不限于：波多黎各的阿雷西博射电望远镜，口径为300米，建在地面天然形成的洼地上；位于西弗吉尼亚州的绿岸射电望远镜和位于德国的埃费尔斯贝格射电望远镜，口径均为100米；英国卓瑞尔河岸天文台的洛弗尔射电望远镜，口径为80米。

对于射电望远镜，天文学家遇到的一项主要挑战是在地球上为望远镜找到合适的架设地点，确保人类用于通信的无线电波对其造成的干扰最小。目前有两个最佳地点，一是南非干燥的卡鲁沙漠，二是澳大利亚西部类似沙漠的平原，这两个地方都不适合人类居住，因而无线电信号造成的干扰极少。如今，这两处正在建设一个名为"平方千米阵列"的巨型射电望远镜网络，其中包含了许多相距遥远的小尺寸镜面。将这些镜面连接到一起，形成望远镜阵列（使用计算机来跟踪记录有哪些信号在指定时间传到了这些小望远镜中）它所聚集的光量将会与一台口径达到整整1千米的望远镜相当，而且会比使用单一镜面观察到更加详尽的细节。人们甚至还构想出了更加雄心勃勃的计划，设想在月球背面建造一台富有未来感的射电望远镜，那个地点肯定可以充分避免人类造成的干扰。

现在，我们再回过头来，看一看比五颜六色的可见光波长更短的光。首先来说紫外线，它的波长恰好超出了人眼所能看到的范围，但大黄蜂及其他各种昆虫和鸟类却都看得见。紫外线的波长短得难以想象，仅为1毫米的十万分之一到几千分之一。我们已经熟知，紫外线是太阳光里对人危害最大的一部分，过量的紫外线照射可能会对皮肤造成损害。幸亏大部分紫外线都被大气层中的臭氧阻挡住了。

德国化学家兼物理学家约翰·里特尔在1801年发现了紫外线。他受到不久前赫歇尔发现红外线的启发，决定研究可见光光谱的另一端。他采用了化学物质氯化银来进行实验，这种物质只有在光照下才会变黑，结果他发现，把氯化银放在从紫光这一端略微外移的位置上时，它变黑的速度最快。只有这个位置上也存在着某种不可见光，而且这种光的能量水平比可见的紫色光更高，这种现象才能解释得通。波长较短的光每秒出现的波峰数量也较多，于是蕴藏的能量也就更高。紫外线的能量足以破坏皮肤细胞内的DNA，导致细胞发生突变，使其生长变得不受控制。

其他恒星也像太阳一样，会发出包含紫外线的灿烂光芒，其中某些恒星发出的紫外线甚至比可见光还多。配备了紫外线相机的望远镜已经拍摄到了太空深处的恒星和星系非同凡响的照片。例如，哈勃空间望远镜不仅利用可见光拍照，还利用紫外线和红外线拍下了众多图像。

在光谱中，接下来出现的是X射线，它的波长比紫外线更短，蕴含的能量也更大。我们对这种光很熟悉，因为在医院检查和机场安检中都有使用。带有大量电子的原子吸收X射线的可能性较大，因为这个过程包括吸收部分X射线并射出电子。对我们体内的大多数原子（如碳原子）而言，其原子核内的电子数量都太少，所以X光可以穿透人体柔软的部位，只有遇到骨骼时才会被阻挡，因为较大的钙原子确实会吸收X射线。拍摄X光片的过程就是X射线穿透身体照射到胶片上，在X射线照射到的地方，胶片变成了黑色；而在X射线被骨头阻挡住的地方，胶片则仍呈白色。1895年，德国物理学家威廉·伦琴发明了X光片，他拍下的有史以来第一张X光片是妻子安娜的手。他称这种光为X射线，其中"X"表示的是未知的新事物。这个名称在英语中一直沿用至今，但在德语中，X射线则被称为"伦琴射线"。此后，医学团体立即着手应用X射线。1901年，这一发现也为伦琴赢得了史上第一个诺贝尔物理学奖。

X射线的能量也极强，这一点与紫外线类似，过度暴露于X射线下会损害细胞内部的遗传物质，从而导致癌症。正因如此，医院对X射线的使用是很克制的。在天文学家看来，X射线蕴含的强大能量说明它是由被加热到数百万摄氏度的高温气体产生的。在接下来的两章中，我们会发现这种情况在宇宙中随处可见，而借助X射线看到这样的现象让天文学家得以研究极端的天体和事件，包括发生爆炸的恒星、碰撞的星系、黑洞和庞大的星系团。然而，地球的大气层会吸收X射线，所以要想观测到来自天体的X射线，唯一的方法就是通过卫星或高空气球将望远镜送到大气层之外。我们最近获得的许多观测成果都源于NASA的钱德拉X射线天文台卫星，自20世纪90年代末起，该卫星便一直在观测太空。

波长比X射线更短的是伽马射线，它是所有形式的光中能量最强的一种，其波长大约相当于一个原子的大小。伽马射线甚至比高剂量的X射线更为致命，不过它能击碎人体内的细胞，这一点使其能在某些有明确目标的医疗过程中发挥作用。伽马射线望远镜一般都必须发射到大气层以外，从而让我们看到银河系内乃至遥远的星系中最壮观的场景。这些伽马射线信号有许多都是在强引力和强磁场条件下产生的，包括高密度的中子星、发生爆炸的恒星和围绕黑洞旋转的物质。NASA的费米伽马射线太空望远镜发射于2008年，目前正在利用伽马射线对看到的天空进行巡天观测，以便研究这些现象。NASA还于2004年发射了尼尔·格雷尔斯雨燕天文台，它和费米望远镜可以定期观测来自银河系外的伽马射线爆发。这些射线可能来自发生坍缩或碰撞的恒星，但其宇宙源尚未完全弄清。

核聚变

既然了解了从无线电波到伽马射线等各种各样的光（图2.3），又配备

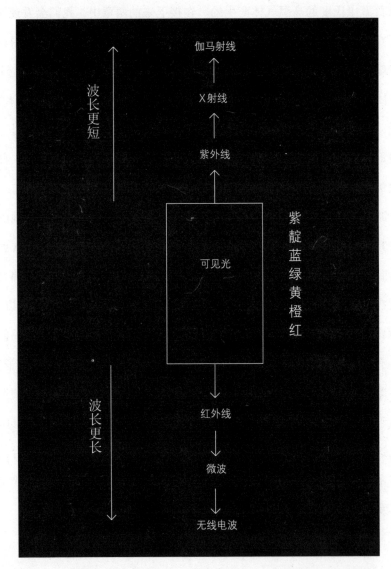

图2.3　光的波长的完整范围。包括各色可见光，以及波长比可见光更长和更短的光

了不同种类的望远镜，发明了用于全方位对光进行观测的其他仪器，那么我们就能以单凭肉眼永远无法实现的方式来探索太空。最早的望远镜刚开发出来的时候，天文学家就将其对准了长久以来一直令人感到惊奇的群星。这些最早的望远镜曾经帮助天文学家辨识恒星、制作天体图和星表，并衡量它们的亮度和颜色。

如今我们能实现的更是不止于此了，还可以更好地理解恒星的内部机制。在过去的一个世纪里，我们已经知晓恒星乃是巨型的气态球体，主要由氢和氦组成。恒星像木星一样，并没有可供立足的坚硬表面，即便你能忍受高温，也无法站在恒星上。在其生命周期内的大部分时间里，恒星都在通过一种微妙的平衡来维持其形状不变：引力将气体向内吸，而源于炽热气体的压力又将气体向外推。这种压力来自高温气体，快速移动的粒子相互推挤，拒绝被压缩到一起。当锅里的水开始沸腾并试图顶开锅盖时，我们看到的就是气体压力在起作用，只不过这种情况的规模很小。就恒星而言，压力是源自恒星中心发生的非同凡响的活动，比沸水产生的压力要大得多。

每颗恒星的内核都有点像核电站，它把成对的氢原子挤压到一起，使其变成较大的氦原子，在此过程中释放出巨大的能量。这就是核聚变，与我们目前在发电站中用来产生能量的核裂变正好相反。在裂变过程中，当较大的铀原子分裂成小的原子时，就会释放出能量。由于核聚变采用的是氢，其储量丰富，且不会产生带有放射性的废料，所以科学家们一直梦想着用氢来创造一种可持续的替代性能源。但核聚变难以启动和维持，而且目前人类尚未成功地控制这一过程。迄今为止，核聚变唯一的人为应用便是制造核弹。

要想让核聚变发生，就需要用非同寻常的压缩力将原子挤压到一起。

在一颗巨大的恒星里，这种压缩的力量源于引力。请记住，太阳的直径约为地球的100倍，它的体积就要比地球大约100万倍。它的密度虽然不如地球，但质量仍是地球的30万倍左右，足以产生极强的引力，而且太阳内核的温度和密度都极高，足以激发氢原子。要实现核聚变，恒星的质量至少需达到太阳的十分之一，温度也要达到数百万摄氏度。

在一个由氢气和氦气组成的球体中央，一旦达到足够的温度，氢的聚变就会真正开始，我们所知的恒星也就此诞生。聚变产生的能量以光和热的形式倾泻而出，将气体向外推挤（图2.4）。和其他恒星一样，太阳里的核聚变也只发生在内核部位，假如把太阳想象为篮球那么大的话，这个内核空间就只有高尔夫球那么大。假如光可以自由传播，它在几秒钟之内就会从恒星中逃逸而出，而实际上，光必须穿过致密的物质结构才出得去，

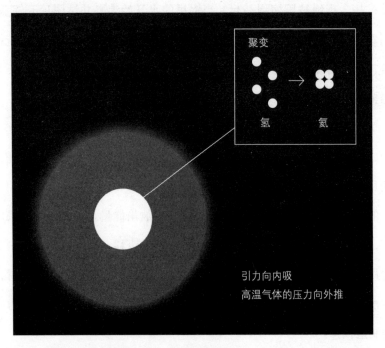

图2.4　恒星的光和热源于其内核的聚变反应

所以它一路上与遇到的原子发生碰撞，不断改变方向，需要经过数万年的时间才能离开恒星。而一旦获得自由，它只需短短8分钟便能沿着一条直线从太阳迅速飞到地球。

恒星的分类

直到20世纪20年代，我们才知晓恒星是由什么构成的；到20世纪30年代，我们才明白聚变是让恒星发光的源头。我们之所以能领悟到这一点，在很大程度上要归功于塞西莉亚·佩恩-加波施金在恒星光谱方面所做的开创性工作。还在剑桥大学就读时，佩恩-加波施金聆听了亚瑟·爱丁顿的演讲，他讲述了自己在1919年前往观测日食附近恒星的过程。众所周知，那次观测证实了爱因斯坦提出的相对论。她深受启迪，开始着手钻研天文学。不幸的是，天文学家在英国的工作机会有限，且当时剑桥大学甚至尚未开始向女性授予学位。因此，1923年，在哈罗·沙普利的支持下，她远渡重洋，前往位于马萨诸塞州的坎布里奇，在哈佛大学天文台攻读博士学位。此后，在她辉煌的职业生涯中，她一直留在哈佛大学，并在后来成为天文学系的第一位女教授，以及哈佛大学的首位女系主任。

在20世纪20年代的天文学界，哈佛大学堪称藏龙卧虎之地，尤其是因为有了所谓"哈佛人肉计算机"的存在，从19世纪后期开始，这群女性员工就一直在天文学家爱德华·皮克林的手下工作，其中包括因造父变星而闻名于世的亨丽爱塔·勒维特。由于只有男性才有资格操作天文台里的望远镜，她们便对收集来的数据和照片加以研究、分析和编目。虽然女性员工的薪酬比男性员工要微薄得多，但她们还是成功取得了大量令人激动的发现。

皮克林的目标之一是要为尽可能多的恒星测定光谱，并运用这些光谱来对恒星加以分类。测量光谱意味着要进行分光，将这些光分解为各种颜色，并找出每种颜色的光的强度，例如其中有多少光分属红色、橙色、黄色、绿色和蓝色。自19世纪以来，天文学家便已注意到，在仔细查看星光的光谱时，固然可以看到不同的颜色，但光谱中还带有若干深色的空隙，某些颜色有所缺失。这些空隙对应的是特定波长的光，它们在从恒星的内核向外射出时被大气层中的原子吸收了，恒星大气层中不同的气体吸收了不同波长的光。

1890年，皮克林的研究团队发布了第一份星表——《德雷珀恒星光谱表》，其中收录了一万多颗恒星及其光谱。这份星表得名于亨利·德雷珀，他既是一位医生，也是一位业余天文学家，在19世纪末对最早的恒星光谱中的一部分进行了测量。德雷珀的遗孀及合作者玛丽·安娜·德雷珀对皮克林的工作很感兴趣，资助他制作了第一份全面的光谱星表。该星表使用了从A到Q的字母来对不同的恒星光谱进行分类，这个方案由威廉敏娜·弗莱明开创并付诸实施，她也是一位"哈佛人肉计算机"，走过了相当与众不同的职业道路。1878年，21岁的弗莱明与丈夫和孩子一起从苏格兰移民到波士顿，但一家人刚到波士顿，她丈夫就抛弃了她。皮克林先是雇她在家里当女佣，在认可她的能力之后，又请她来天文台工作，据说当时他对男助手的进度感到不满。来到天文台工作以后，她开始着手开发自己的一套分类系统，其中，"A星"是指大气层中氢含量最高的那些恒星，它们的光谱中会形成颜色最深的空隙；"B星"的氢含量略少一些，以此类推。某些其他字母被用于代表人们认为存在于恒星大气层中的其他元素。

另一位"哈佛人肉计算机"安妮·坎农对弗莱明开发的这套系统做出

了重要的调整。坎农与亨丽爱塔·勒维特一样，刚成年不久便几乎彻底失聪，但她全身心地投入工作，于1896年加入哈佛大学天文台，一生中对大约35万颗星进行了分类。1901年，她取得了一项突破，即采用了一种比弗莱明的分类方法更为简单的恒星排序方式，把星体按照颜色从蓝到红进行了重排，用弗莱明所使用的字母O、B、A、F、G、K和M将它们划分为七大类。从坎农那个时代开始，长久以来，人们一直在用一句广为流传的口诀来辅助记忆这几个字母："噢，像个好姑娘那样吻吻我吧（Oh Be A Fine Girl, Kiss Me）。"1922年，国际天文学联合会正式采用了她的分类体系，并沿用至今。

对恒星加以分类后，天文学家开始分析恒星的光谱类别（或颜色）与其固有亮度之间的关系。早期的范例如德国天文学家汉斯·罗森博格，1910年，他在昴星团中选取了41颗与地球距离相等的恒星，发现对大多数恒星来说，颜色越蓝，亮度就越高。1911年，丹麦天文学家埃希纳·赫茨普龙发表了一篇论文，分析了昴星团和毕星团中恒星的颜色与亮度模式；1912年，当时该领域内的一位关键人物——普林斯顿大学的天文学家亨利·诺里斯·罗素向英国皇家天文学会递交了另一个版本，其中包含的恒星数量更多。他们二人都发现了同样的规律：对大多数恒星而言，颜色越蓝，亮度就越高。这些恒星被赫茨普龙称为"矮星"。但其中也有相当多的恒星并不符合这种规律：某些颜色较红的恒星特别明亮，大约相当于太阳亮度的100倍，被称为"巨星"。这种观察恒星颜色和亮度的方式被称为"赫茨普龙－罗素图"，至今天文学中仍在普遍使用。

当时，人们已经对恒星进行了多次分类，但谁也不清楚它们是由什么组成的，也不明白恒星颜色和亮度之间的关系为什么会遵循这些规律。当时的天文学家在恒星的光谱模式中发现了钙和铁留下的印记，并推测组成恒星的元素很可能与构成地球万物的元素组合相同。

　　他们大错特错了，最先意识到这一点的是佩恩－加波施金。她凭借着对量子力学这一新理论的理解，借鉴了天文学家梅格纳德·萨哈的重要研究成果，审视了坎农的详细分类，并得出如下结论：规律的变化并不像其他人所认为的那样，是由于组成不同恒星的元素有所不同；相反，她认为所有恒星的主要成分都是氢和氦，之所以会产生这方面的差异，仅仅是因为各恒星的温度不同。在坎农的字母分类系统中，从"O"到"M"不仅对应着颜色的变化，还代表着恒星的温度从最高降至最低。结果表示，恒星与地球完全不同，比氦更重的其他元素仅有微弱的痕迹。最初，世人对佩恩－加波施金的结论深表怀疑。亨利·诺里斯·罗素劝她不要在1925年的博士论文中发表新的研究成果，因为这些成果有悖于传统思想。但佩恩－加波施金的观点是正确的，几年后，罗素也转而对她的结论表示赞同。经过人类数千年来的天文学推测和研究，她所做的工作终于揭示了恒星是由什么组成的。

　　在佩恩－加波施金取得这一重大进展之前，英国知名天文学家亚瑟·爱丁顿在1920年的《恒星内部结构》一书中曾经推测，恒星的能量可能源于氢的聚变反应。爱因斯坦的相对论认为，质量可以转化为能量；亚瑟据此推算，假设恒星的质量中含有5%的氢，而氢又通过聚变反应形成了更重的元素，这样就能产生足够的热量，并可以对观测到的恒星的光辉做出解释。事实证明，这个想法是正确的。不久之后，天文学家就发现，尽管恒星当中有很大一部分是由氢元素构成的，但只有内核的温度和密度足以使原子发生聚变反应。20世纪30年代，德裔美国物理学家汉斯·贝特详细阐述了这一理论，并最终写成了论文《恒星能量的产生》。该论文于1939年发表，为他赢得了1967年的诺贝尔物理学奖。他在论文中阐述了"矮星"的发展趋势：恒星的质量越大，其内核处的引力就越大，因此发生的聚变反应也更为剧烈，使得它们更明亮、更炽热。

所有恒星或许都是主要由氢气组成的球体，但它们的生命历程却大不相同，这取决于其诞生时的质量有多大。我们根据恒星诞生之初的颜色对其进行分类，借此可以得出它们的质量，从而审视各类恒星不同的生命历程。分类时并非七种颜色都要用到，只需将恒星大致分为四种颜色即可，即红、黄、白、蓝，这四种颜色对应的恒星质量由小到大。绝大多数恒星都是红色的，约占已知恒星总数的90%。它们的温度最低，质量也最小，表面温度"仅"为3000到5000摄氏度。黄色恒星的质量要稍大一些，太阳就是其中之一，这类恒星的数量约占已知恒星总数的10%，表面温度在5000到8000摄氏度。比黄色恒星温度更高、质量更大的是白色恒星，它们的数量要少得多，大约每100颗恒星中仅有1颗。而所有恒星中最稀有、最炽热的是蓝色恒星，其表面温度可能高达25000摄氏度，在恒星中约占千分之一的比例。

闪耀的一生

下面，我们从太阳的生命历程开始讲起，也就是黄色恒星的情况。在其生命周期内的大部分时间里，太阳都会保持着世人所熟知的现有形态。目前，它所处的这个生命阶段已经走过了一半，我们预计这一阶段会持续大约100亿年。在这段时间里，一方面有向内挤压的引力，另一方面内核中氢原子的聚变带来的热量又产生了向外推动的压力，两者形成了微妙的平衡，从而可以使太阳的形态维持不变。太阳的表面温度较高，约为6000摄氏度，而发生聚变反应的内核温度则高达1500万摄氏度。在其生命中的这一阶段，太阳发出的七色光汇聚在一起，看起来像是白光，但由于其表面的温度使然，它产生的黄光其实最多。

当内核处的氢原子耗尽时，让太阳的形态得以维系的微妙平衡就会被打破。借助太阳的质量，我们便可获知它还蕴含多少氢"燃料"，并通过测量太阳的亮度来得出氢燃烧的速度，从而计算出这种情况结束的时间。将这些数据汇总到一起后，我们预计这一时间是在50亿年后。等到这种情况结束时，内核部位的氢全部转化成了氦，而温度却不足以使这些氦原子发生聚变，形成稍大一些的原子（比如碳和氧）；于是在一段时间内，引力便会占据优势，将恒星内核的气体向内拉拽，对其产生挤压，使其温度变得越来越高，直到内核周围的氢原了达到足以燃烧的高温。

届时，太阳的外层将会发生急剧的膨胀。这是由于外层所含的氢较多，所以产生的外推压力也较大，从而导致恒星的体积增大。太阳的直径会增加数百倍。随着内核温度的升高，它会变得比现在明亮许多，但热量也会扩散到比原先大得多的表面上，因此，它发出的光芒会呈现出温度较低时的橙红色调。届时，太阳便会开启一个全新的生命阶段，成为一颗红巨星。

这种情况发生的时间约在距今50亿年后，如此一来，太阳系的模样就会与现在迥然不同。太阳可能会变得特别庞大，于是水星和金星的轨道会被吞噬，地球的情况很可能也是这样（图2.5）。即便不被吞噬，我们也会相当接近新生的巨型太阳的边缘，这种情况会带来灾难，地球上的环境可能会变得极其炎热，不可能有生命存活，至少我们已知的生命形式不可能存活。在红巨星阶段，由于压力增加，还会导致太阳的外层逐渐向外喷射，形成膨胀的气体壳。在银河系中的其他恒星周围早已观测到了这种气体壳，18世纪80年代，威廉·赫歇尔便已将其命名为"行星状星云"。这些气体构成了色彩瑰丽的环状物，人们认为它们与行星类似。

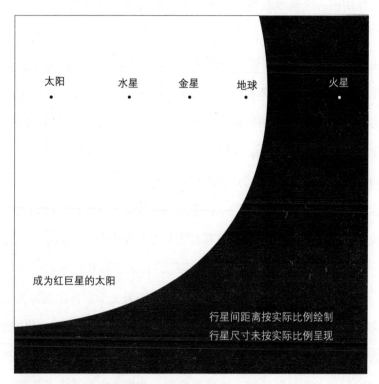

图2.5 太阳变成红巨星时的预计情形

　　预计太阳会以红巨星状态再存续10亿年。待到氢耗尽时，由于引力越来越占优势，内核会发生进一步的坍缩。最终，等太阳的内核温度达到大约1亿摄氏度时，氦原子就会开始聚变。氦原子的原子核内有2个质子和2个中子，它们聚变后形成碳原子和氧原子，碳原子有6个质子、6个中子，氧原子有8个质子、8个中子。当氦也耗尽时，太阳的大小和温度不足以使碳和氧继续发生聚变，形成更大的原子，于是这一过程便就此画上了句号。

　　那时的太阳只剩下一个小小的内核，被称为白矮星，主要由碳和氧组成。核聚变产生的外推压力不复存在，因此，我们可能以为此时引力会赢得胜利，并导致白矮星彻底坍缩。然而，实际情况并非如此，这是量子力学发挥作用的一个精妙范例。量子力学告诉我们，微小的电子必定会避免彼此处于完全相同的位置，所以，假如把一大群电子推挤到一起，它们就会产生反向的排斥力。在恒星的内核存在着大量的电子，因为每一个新形成的碳原子和氧原子都携带了一些电子。这些电子会产生一种新的外推压力，与较强的内吸引力相抗衡。此时，太阳已经进入了生命的最终阶段。它的密度会变得极大，质量不会比目前小太多，却会被挤压进一个大小与地球相仿的空间里，体积仅为现在的百万分之一。

在第一章里，我们提及了一个概念，即白矮星的质量只可能达到太阳质量的1.4倍。量子的外推压力充其量也只能与此质量产生的内吸引力保持平衡，这就是著名的"钱德拉塞卡极限"，得名于苏布拉马尼扬·钱德拉塞卡。20世纪30年代，这位杰出的印度裔美国天文学家曾在剑桥大学工作过。实际上，他最早得出这一极限的时间是1930年，当时他正从印度前往剑桥大学，准备去那里攻读硕士。剑桥大学的天文学家拉尔夫·福勒在这方面曾经做过一些早期研究，他受其启发，在旅途中推算出了该极限。后来，钱德拉塞卡的职业生涯是在芝加哥大学度过的，在此之前，他在英国有过一些不愉快的遭遇，其中最广为人知的是他与亚瑟·爱丁顿的矛盾。1935年1月，在皇家天文学会的一次会议上，爱丁顿认为钱德拉塞卡极限大错特错，并公开将其指斥为"星际闹剧"。后来事实证明，钱德拉塞卡的观点是正确的。最终，因为所取得的成就，他于1983年获得了诺贝尔物理学奖。

作为一颗白矮星，太阳最初的温度会很高，但它本身不会再产生新的能量，所以就会逐渐冷却，直到不再发光。天文学家预测，在数十亿年后，太阳将会以黑矮星的形式结束其生命——黑矮星就是不再发光的低温白矮星。宇宙目前还太年轻，迄今尚未有黑矮星诞生，所以我们只能根据对恒星冷却过程的理解来猜测它们未来会是怎样的存在。

若将目光投向太阳之外的其他恒星，按照我们的理解，所有单独存在的黄色恒星走过的生命历程都十分相似。它们生命的第一阶段都会持续100亿年左右，接着转变为红巨星，其外层的气体散入太空，最终以逐渐衰亡的白矮星这种形式结束活跃的生命。无论这些恒星是位于银河系，还是位于数十亿光年外的遥远星系，预计都是同样的情况。而对围绕着彼此运转的成对黄色恒星来说，生命的历程就会稍微难以预测一些：成对的黄色恒星或许会变成两颗最终相撞的白矮星。

宇宙中大多数恒星的质量仅有太阳的一半或更少，小的那些恒星仅相当于太阳质量的十分之一。这些便是为数众多的红色恒星，它们的温度较低，生命历程与黄色恒星非常相似，但演变的节奏较慢。在它们生命中的主要阶段，向内拉拽的引力和氢聚变产生的向外推挤的压力始终保持着同样的平衡，但由于这些恒星的质量较小，内核产生的引力较弱，因此聚变反应进行的速度就更为缓慢。在内核的氢耗尽之前，这些恒星会存续数百亿年，所以迄今为止，这类恒星还没有哪一颗发生过生命形态的改变。在遥远的将来，这些红色恒星与黄色恒星一样，也会变成巨星，内核会发生坍缩。然而，它们可能永远也达不到足够的温度，不足以产生碳原子或氧原子，最终会以白矮星的形式结束生命，随后变成由氦构成的黑矮星。

那些巨型恒星的生命历程最为极端，演变的节奏很快，会早早衰亡。它们质量不一，轻者约为太阳的8倍，重者可达太阳的数百倍，这些就是更为罕见的白色恒星和蓝色恒星。在银河系里有上千亿颗恒星，其中这样的重量级恒星仅有大概10亿颗。更重的恒星所受的引力更强，温度也更高，内核的氢燃烧的速度会快上许多。其中较小的白色恒星质量约为太阳的8到

20倍，它们的颜色比太阳更白，因为它们发出的红光比太阳要少，蓝光和紫外线则比太阳更多。白色恒星的氢气燃尽的时间往往不到10亿年，这个时间虽然也很漫长，但还不到太阳寿命的十分之一。假设太阳在诞生之初的体积比现在更大（就像天狼星那样），是一颗白色恒星的话，那它的生命应当已经结束了。

蓝色恒星就更重了，其质量最大可达太阳质量的数百倍。它们的温度比白色恒星还要高，发出的光主要是蓝光和紫外线。蓝色恒星的生命节奏极快，氢气燃尽的时间仅需1000万年左右。这个时间比恐龙在地球上游荡的时间要短得多！

当白色恒星或蓝色恒星内核的氢气燃尽时，它们会遵循与黄色恒星相同的演变路线，但发展速度很快。恒星的内核将会坍缩，而外层部分会膨胀，使其变成一颗硕大的红巨星。它们像黄色恒星一样，紧邻着内核的氢会开始燃烧，而在这些巨大的恒星内很快就会达到足够的高温，足以使内核部位的氦开始发生聚变反应，形成更重的元素，比如碳和氧。

这些巨大的白色恒星和蓝色恒星所面临的生命最终阶段与太阳迥然不同。其中心部位的引力极为强大，致使其内核受到相当程度的挤压，不仅足以形成碳和氧，甚至还能一路朝着更重的元素演变，直到最后产生铁。它最终会像洋葱那样，形成一层又一层的结构，最靠近表面的是氢，然后向内分别是氦、碳和更重的元素，一直到内核部位的铁。但当其形成铁时，就大难临头了，因为铁原子聚合在一起时不会释放出新的能量。自然界把铁变成了一个临界点，因为铁和所有比铁更重的原子只有在分解时才会释放能量，在聚合时则不会。

到了这一步，当铁产生的时候，恒星的温度极高，可是突然之间，内核就没有更多燃料可供燃烧了，向外推挤的压力随之戛然而止，向内拉拽的那股巨大的引力占据了上风。对太阳来说，在这一阶段，引力会被量子力学上来自微小电子的压力所平衡，从而形成白矮星。但这一结果仅适用于质量小于钱德拉塞卡极限（太阳质量的1.4倍）的恒星内核。在失去外层的壳之前，其质量相当于太阳的8倍或以下的恒星就符合这一前提。白色恒星和蓝色恒星的内核质量高于这个阈值，产生的引力过于强大，电子的压力无法与之抗衡，结果就会发生极为强烈的暴缩，内核会彻底坍缩，恒星中包裹着内核的诸层紧接着也会迅速坍缩。这个过程发生的速度极快，致使恒星中心的温度迅速上升到高达1000亿摄氏度。

当内核的密度变得与原子核的密度相当时，暴缩就会停止。在这一阶段，它主要由中子组成，此时，强相互作用力新产生的一种向外推挤的压力会占据上风。这是一种基本的力，一般发挥的作用是让中子和质子在原子内部聚集到一起，但当中子或质子相距过近时，这种力又会转而发挥排斥作用，使其分散开来。恒星的暴缩突然终止，使爆炸的方向逆转，瞬间转变为威力巨大的爆炸，将恒星的外层部分全部抛入太空。

这种轰轰烈烈的事件就是超新星爆发。在存续了10亿年之后，白色恒星在短短几分钟内就爆炸了，产生大量的光，其亮度可以在短时间内超过包含了数十亿颗恒星的整个星系。超新星发出的光在爆炸后几周或几个月内都还能看到。这样的光以多种形式出现，从无线电波到可见光，再到X射线和伽马射线，所以天文学家才会摩拳擦掌地使用不同望远镜来观测超新星，因为不同的望远镜能观测到所有不同波长的光。然而，我们无法看到爆发事件发生时恒星内部的状况，对实际情况的许多设想都属于从理论观点推导而来的猜想，然后再将所做的预判和实际看到的光进行对比，借此来验证推测是否正确。

这些由大质量恒星爆炸产生的超新星与前文中提及的Ia型超新星不同，

人们认为，Ia型超新星是由获得了过多质量而无法保持稳定的白矮星转变而成的。在类似银河系的星系中，很可能每100年就会有一颗超新星出现，但要直接观测到它们却是困难重重。很多超新星发出的光都被银河系中的尘埃和气体挡住了。我们还会错过银河系外的其他星系中出现的许多超新星，因为不可能每晚都把望远镜对准每一个星系。

倘若恰好有一颗超新星在距离银河系够近的星系中出现，那或许需要足够的好运才能同时拍下该星系爆发前后的不同照片，从而看到超新星突然变成了一个亮点。2008年1月，卡内基－普林斯顿研究小组的研究员艾丽西亚·索德伯格和埃多·伯杰的运气竟然比这还要好：正当二人在对一个星系进行观测时，那里有一颗超新星爆发了，这种情况尚属首次发生。由于不久前同一星系刚出现过一颗超新星，他们一直在用斯威夫特X射线望远镜来观察它发出的光，突然，该星系其中一条旋臂上某个不同的位置出现了一阵持续了5分钟的X射线爆发，向他们发出了提示信号。两人决定用测量其他波长的望远镜来对其进行更仔细的观察，就在一个多小时之后，他们看到了这颗超新星发出的闪光中的可见光。恒星爆炸发出能量较高的X射线的时间早于可见光，所以X射线最先传到地球。能够目睹如此壮观的超新星爆发"直播"盛况不单单是令人感到兴奋，还有助于天文学家更好地验证关于当时恒星内部状况的猜想。

离我们最近的超新星（也就是在银河系内爆发的超新星）确实蔚为壮观。倘若有一颗超新星在太阳系邻近空间内爆发，在短时间内会使整个夜空显得亮如白昼。在有可能发生爆炸的这类恒星当中，我们最密切关注的目标之一是参宿四。这颗橘红色的恒星位于猎户座内的左上方，离太阳系邻近空间不远。参宿四以前曾是一颗蓝色恒星，年龄还不到1000万年，却已经变成了一颗硕大的红巨星。用天文学术语来说，预计它"目前随时"

（也就是在未来10万年左右的某个时间）都有可能发生爆炸成为超新星。实际上还存在着一种很小的可能性，即参宿四目前已经爆炸了，因为它距离我们大约有600光年。也就是说，如果在过去这600年间参宿四出了什么状况，我们目前还无法知晓。等到爆炸发生之时，参宿四会突然之间像夜空中的月亮一样醒目。

　　人类关于银河系中超新星爆发的历史记载为数甚多，当时人们对它们的本质还不了解，对早期的天文学家而言，它们只不过是天空中莫名其妙的亮光。史书上有记载的超新星最早出现在公元185年，中国天文学家在《后汉书》中将其记述为"客星"，经过大约8个月的时间才最终暗淡消失。时至今日，欧洲航天局的XMM-牛顿天文台和NASA的钱德拉X射线天文台仍然可以观测到太空中的一些X射线，NASA的史匹哲太空望远镜也观测到了一些红外线，这些都是那次爆发残留下来的物质。除此之外，至少还有10颗银河系内的超新星被人们记录了下来，其中最明亮的一颗见于1006年4月，当时亚洲、中东和欧洲的天文学家都有过记载。2006年，天文学家约翰·巴伦廷在亚利桑那州发现了一块石刻，这可能是美洲原住民对其目睹的超新星爆发的记录。这颗超新星的位置相对较近，距离地球"仅有"7000光年，它在天空中的亮度相当于月亮的四分之一，即便是在白天也能看得见。1054年7月，人们又目睹了银河系内出现的一颗超新星。它虽不及上一颗那么耀眼，但亮度仍然与金星相当，在其后两年的时间里一直可以被看到。这颗超新星遗留下了蟹状星云，这是世人研究得最多的天体之一，它非常明亮，用双筒望远镜都能看得见。

　　1572年11月，丹麦天文学家第谷·布拉赫观测到了另一颗银河系内的超新星。这一事件对天文学产生了重要的影响，因为布拉赫意识到，这颗星必定位于相当遥远的地方，比月球要远得多，因为当地球绕太阳运转时，它在群星形成的背景中并没有发生位移。当时，欧洲人仍然信奉亚里士多德的宇宙概念，相信苍穹超乎行星之上，固定不动且亘古不变，所以一件"天国圣物"突然发生了明显变化，这相当出人意料，并对当时的观念形成挑战。在当时那个年代，哥白尼已经提出了"日心说"模型，但尚未得到世人的普遍接受。布拉赫于1573年出版了《前所未见的新星》一书，描述了他和别人的观察结果。该事件后来被世人称为"第谷超新星"。最近，我们观测到了那次爆发的残留物，从而得知这颗恒星爆发的位置大约在8000光年以外。

此后不久，1604年，人们又目睹了银河系中距今年代最近的一颗超新星。最初，它的体积迅速增大，而且极为明亮，在长达3周的时间内，即便是在白天都能看到它。约翰内斯·开普勒对这颗星进行了为期一年的仔细研究，并撰写了一本书来记述他的观测结果。它后来被称为"开普勒超新星"。伽利略也观察过这颗超新星，他在帕多瓦大学进行了一系列的公开演讲，在座无虚席的演讲大厅里讲述了自己的观测情况。与布拉赫一样，他也用没有出现视差的事实来论证这颗星必定在比月球远得多的地方。这进一步证明了遥远的群星并非亘古不变之物，也为伽利略和开普勒支持哥白尼提出的全新宇宙模型提供了进一步的理由。

人类观测到的距今最近的一颗超新星出现在1987年2月。当时，人们看到一颗恒星在大麦哲伦星系（与银河系相邻的矮星系）中发生了爆炸。虽然用肉眼就可以观察到，但此时正是一个使用现代望远镜来研究一颗相距不远的超新星的绝佳时机。在观测到爆炸发生仅仅几小时后，人们就全面使用了各种望远镜（这样可以观测到每一种类型的光）开始对它进行详细的观测。这次幸运事件让天文学家有机会理解这种引人注目的爆炸，探测到爆炸产生的较重元素，并观察到喷射物向外喷出，在恒星原先的位置周围形成明亮的光环。

要想看到位于银河系外或比麦哲伦星系更遥远的那些星系里的超新星，我们就非得借助望远镜不可了。最先发现大量超新星的人是弗里茨·兹威基，他是一位才华横溢的瑞士天文学家，但性格却是出了名的好胜，从20世纪20年代起，他就在加州理工学院任职，后来取得了为数众多的重要发现。1934年，他和同事沃尔特·巴德首先提出了这样的观点：当普通恒星转变为密度更大的恒星时，超新星就会出现。创造出"超新星"这一名称的正是兹威基。为了找到它们，兹威基在加利福尼亚州的帕洛玛天文台倡导建造了口径约为46厘米的施密特望远镜，该望远镜可以同时拍摄到大片天空，从而更有可能发现这些罕见的天体。最终，他在整个职业生涯中总共发现了100多颗超新星。

如今已经建立了一个引人注目的国际观测网络，用以观测超新星。该网络设置了警报，一旦留意到某颗新出现的超新星，就将口径最大的望远镜以最快的速度转向它，赶在其变暗之前捕捉到它的光辉。天文学家在夜间收到警报时，必须当机立断地做出决定，是否要将望远镜转向这些激动人心的事件发生的位置。做出这样的决定可能会很艰难，因为有机会使用大型望远镜的每一个夜晚和每一小时都极其宝贵，不能轻易地重新调配。但爆发事件中最主要的部分在几周内就会结束，所以及时把握机会是至关重要的。

中子星、黑洞、引力波

恒星爆炸后的遗留物堪称整个宇宙中最奇异的存在之一。白色恒星在诞生之初仅比太阳重8到20倍，它们产生的遗留物是中子星：在所有恒星中，这种星体最为奇特，密度也最大。白矮星的情况已经算是非常极端了，它的质量与太阳相仿，大小却与地球相当。而中子星比白矮星还要极端，恒星原初质量中其余的部分已经被抛射到太空中去了，遗留的中子星比太阳要重好几倍，却被挤压成了一个直径仅有几千米的球体。中子星的密度高得不可思议，取自中子星的一茶匙物质可以轻松砸穿地球、落入地核。中子星的引力极为强大，要想摆脱它的引力，需要达到接近光速一半的速度，这是个几乎不可能完成的壮举。

仅在银河系内可能就有1亿颗中子星。在超新星刚刚爆炸后，残留的中子星温度高达10亿摄氏度，人们认为它应当是在快速自转，不到一分钟就会自转一周。之所以会达到这样高的速度，是因为恒星尺寸发生了极大幅度的收缩，就像花样滑冰运动员在将手臂收拢时会旋转得更快一样。这颗恒星的亮度会迅速变暗，温度也会冷却到仅有100万摄氏度。一般来说，中子星的自转速度也会减缓，但有时其引力会吸引邻近恒星的气体，导致这些恒星的自转速度高达每秒几百圈。某些中子星在旋转时会喷射出无线电波和X射线，借助专门的望远镜是可以观察到的。目前，我们仍不能完全理解中子星内部究竟发生了什么：比起在地球上所能展现的环境，这些天体上的物理条件要极端得多。

在首次发现中子这种粒子之后不久，沃尔特·巴德和弗里茨·兹威基两人在1934年发表的第二篇论文中提出，有可能存在着由中子组成的恒星。最初，人们认为这些恒星过于暗淡，根本看不见，直到1967年，佛罗伦萨大学的弗兰科·帕契尼发现中子星的旋转可以产生一束无线电脉冲波。中子星带有很强的磁场（地球磁场导致了北极光的出现，中子星的磁场则更为强大），当磁场旋转时，会使恒星表面的质子和电子速度加快，形成两束无线电波。该光束来自中子星的磁北极和磁南极，在中子星的自转轴上还有一个地理学意义上的北极，但磁北极很少会与之对齐。那些磁北极与北极恰好对齐的中子星每旋转一周，它们发出的无线电波束就会扫过地球一次，犹如灯塔一般，所以我们就会观测到一道脉冲信号。

巧合的是，就在他们做出该预测的同一年，北爱尔兰天文学家约瑟琳·贝尔·伯奈尔便发现了来自一颗遥远恒星的神秘无线电信号。当时她使用的射电望远镜是她在剑桥大学攻读研究生时，由她和导师安东尼·休伊什一起建造的。观测到的脉冲大约间隔1秒，其规律性极强，以至于人们一度严肃地推测，这或许是相距遥远的某种生命发送的信号。这颗星最早的绰号就叫作"LGM-1"，也就是"小绿人一号"。不过，大家很快就意识到，这个天体和其余类似的天体确实都是旋转的中子星，它们正在射出无线电波束，于是这些天体很快便有了单独的名字——"脉冲星"。师生二人共同的发现为休伊什赢得了1974年的诺贝尔奖，然而贝尔·伯奈尔却被明目张胆地遗漏掉了，未能获此殊荣。

蓝色恒星是所有恒星中最重的，对这些恒星而言，中子星可能并非其生命中面临的最后一个阶段。超新星爆发将恒星外层部分的物质抛向太空后，只有在剩余质量不超过太阳质量的三倍时，中子星才有可能维系其存在。质量很大的蓝色恒星的内核质量不止于此，即使在超新星爆发之后也同样如此。最后引力造成的压缩力极其强大，没有任何向外的推力可以与之抗衡，这样一来，形成的就不是恒星，而是黑洞。黑洞确实堪称宇宙中神秘的怪兽。将至少两倍于太阳质量的物体挤压到直径仅有几千米的区域内时，就形成了黑洞。这里的引力变得极强，致使其质量被进一步挤压到极小（可能无限小）的空间内，必须以超过光速的速度才能逃离黑洞。既然比光速更快的物体并不存在，那就没有什么能从黑洞中逃脱。事实上，界定黑洞的特征便是光无法从中逃逸。

黑洞内部发生了什么，我们只能猜测，在黑洞的中心，就连物理定律也会被打破。当引力强大到这种程度时，就会发生一些奇怪的事。假如你以某种方式双脚朝前落向一个黑洞，那么，你的双脚受到的引力会比头受到的引力大得多，你就会像面条一样被拉长。时间的流逝也会变得很怪异。阿尔伯特·爱因斯坦的理论告诉我们，如果你靠近某种质量非常大的物体，时间就会流逝得更慢。例如，位于地心的岩石确实比靠近地表的岩石要年轻一些，因为地表的引力不如地心那么大。这很奇怪，但似乎又是千真万确的。所以，请想象一下，如果以某种方式把双胞胎中的一个送到黑洞附近，这一个其实就会比住在地球上的那一个衰老得更慢。

我们无法直接看到黑洞，但天文学家却能观测到从伴星上被吸到黑洞周围、绕其转动的气体和尘埃发出的光。这个物质盘的温度会变得极高，还会发出 X 射线，出现这样的迹象就表明里面隐藏着一个黑洞。但要发现黑洞还有另外一种截然不同的方式：黑洞的引力极为强大，会导致周围的时空发生扭曲，尤其是当两个黑洞绕对方运行时更是如此，在双黑洞互绕的情况下，它们会对周围的宇宙空间造成拖拽和拉伸，因此我们可以直接搜寻它们对空间造成的影响。

爱因斯坦于1915年发表的广义相对论曾对这种现象做出过预言，并解释了时空本身的表现。在本书中，我们将会多次提及这一理论。爱因斯坦说明了凡是具备质量的物体都会使空间变形，物体的质量越大，使空间变形的程度也就越大，就好比把太空想象成一块橡胶板，把铅球和泡沫球分别放到橡胶板上，放铅球的时候，橡胶板凹陷的幅度会更大。物体和光都是沿着空间变形后的轮廓运动的。将一个大质量的物体从空间中快速或加速推过会短暂影响空间变形的程度，并引发一种名为"引力波"的涟漪。

当两个黑洞高速绕对方运行时，就会出现这样的情况：它们使时空本身发生变形，引发了引力波。引力波是波，却并非光波，其实是空间本身的伸缩。假如有一阵引力波穿过我们的身体，我们会在一瞬间变得更瘦高，然后又变得更矮胖，像这样循环往复（图2.6）。这种情况既会发生在人体上，也会发生在整个地球乃至引力波经过的所有物体上。这种效应是真实存在的，不过如果只是一对遥远的黑洞产生的效应，那我们和地球在尺寸上的变化都会微乎其微。

图2.6 以夸张的形式呈现引力波产生的效应

到2015年为止，还不曾有人直接探测到引力波，我们也从未感觉到有引力波经过。2016年，长达50年的对引力波的探索终于取得了成果，也标志着天文学开启了一个新的时代。激光干涉引力波天文台（LIGO），是一座历时30年的实验设施。实验构想成形于20世纪80年代，如今在三大洲有近1000名科学家参与其中。该设施包含了一对引力波探测器，分别安装在路易斯安娜州的利文斯顿和华盛顿州的汉福德，各有两条彼此垂直的长臂，每条长臂都由一根长达几千米的管子组成。当一道引力波到达并穿过地球时，甲臂的长度会增加一点，乙臂的长度则会缩短一点，然后再反过来，甲臂缩短、乙臂伸长。当引力波经过该天文台时，这种情况会不断重复发生，通过测量两臂的长度，就可以探测到穿过的引力波。测量长度的方法是沿着每根管子射出光束，用管子末端的一面镜子加以反射，然后测量光返回需要多长的时间。这个想法固然简单易懂，却需要相当精密的仪器才能实现，因为当引力波的涟漪经过时，臂长的变化幅度远远小于万亿分之一毫米。

2016年2月，LIGO团队欣喜地宣布首次探测到了时空涟漪，且该信号与预判的情况完全一致，两个黑洞做螺旋运动，然后发生碰撞，将三倍于太阳的质量转变成了引力波能量。这次碰撞发生在与我们相距大约10亿光年的地方，不仅在银河系之外，也在本星系群和本超星系团之外。这次引力波传播了约10亿年，终于在2015年9月到达了地球，直接穿过地球，并继续前进。LIGO团队才刚开启了经过升级的实验，在短短几天后便发现了这一信号，几个月后，该团队又宣布第二次探测到了来自黑洞碰撞的信号。而这只是众多全新发现的开端——在2017年1月、6月和8月，又有3对做螺旋运动的黑洞发出的引力波穿过地球。2017年8月，LIGO的姊妹实验仪器——室女座干涉仪也观测到了引力波信号，该干涉仪位于意大利，与LIGO的设计相似。

通过观察两个站点当中哪一个先接收到信号，LIGO便可以大致确定这个信号来自天空中的什么位置，但它对来源的定位却无法达到很高的精度。在发现信号后，一场经过精心设计的后续行动立即展开。世界各地的天文学家纷纷使用望远镜来观测广阔的天空（这些望远镜可以观测到天空中所有不同波长的光波，无论是无线电波还是伽马射线），探查在引力波爆发的同时，是否还有光线相伴产生。目前这方面还没有观察到令人信服的发现，这些碰撞的黑洞很可能只有借助引力波才能感知到。

人们发现，宇宙中有许多恒星都在成对地相互围绕着彼此运行。中子星就有可能会成对互绕，在公转的同时自转，跳出一场极致的宇宙之舞。1974年，美国天文学家约瑟夫·泰勒和拉塞尔·赫尔斯利用300米口径的阿雷西博射电望远镜首次发现了这样的情况。那是一颗脉冲星，每8小时绕另一颗中子星旋转一周，而脉冲星每秒自转约20周。通过多年来对这两颗恒星进行持续的测量，天文学家观测到了一种精确且富有美感的趋势。这对中子星围绕对方运行的时间逐渐缩短，这与爱因斯坦的理论做出的预测完全一致。这两颗恒星绕彼此运行的速度极快，引力极强，导致它们就像黑洞一样使时空发生了变形，并产生了引力波。在这个过程中，这两颗恒星消耗了一些能量，被拉入相距更近的轨道。这对恒星已经被世人观测了40多年，这种完美的趋势仍在继续，证实了爱因斯坦在1915年曾经预测过的效应。预计这两颗恒星最终会合并到一起，但那还需要数亿年时间。赫尔斯和泰勒的发现提高了物理学及天文学界的信心，让大家相信引力波最终是可以直接探测到的，这一发现也让他们二人获得了1993年的诺贝尔物理学奖。

2017年8月17日，LIGO和室女座干涉仪识别出了另一道穿过地球的引力波，但这次的情况有所不同。产生这次引力波的事件并非两个黑洞合并，而是两颗比太阳略重的中子星合并。与约瑟夫·泰勒和拉塞尔·赫尔斯发现的那一对不同，这对中子星正处于宇宙之舞的尾声。引力波探测器捕捉到了它们在生命最后的两分钟内产生的时空涟漪，当时，这两颗与太阳质量差不多的天体先是绕着对方快速运转了3000圈，之后才撞到一起。这道引力波首先到达的是位于意大利的室女座干涉仪，接着继续前进，穿过地球，到达了位于路易斯安那州的LIGO探测器，在几毫秒后又到达了位于华盛顿州的LIGO探测器。

世界各地的天文学家再次动员起来，参与了一场精心策划的行动，将望远镜对准这起激动人心的罕有事件。众人筹划已久，一直在等待着这类事件的发生，这回他们终于"挖到了金矿"。这次碰撞产生的信号在每种波长的光中均有出现，最终，位于七大洲和太空中的70个天文台都观测到了。在LIGO和室女座干涉仪捕捉到这个信号后2秒，天空中出现了一次伽马射线暴，被费米卫星和国际伽马射线天体物理学实验室卫星所发现。这些观测结果让天文学家得知了其在天空中的大致方向，却并未确定精确的位置。当时在夏威夷和智利仍是白天，所以使用大型望远镜的天文学家不得不等上几个小时，为搜寻做好准备，直到夜幕降临。

在最初探测到信号11个小时后，加利福尼亚大学圣克鲁兹分校的天文学家瑞安·福利及其团队最先观测到了这次碰撞产生的强烈红外线和可见光，并最先确定了其确切的来源星系。这道强光很可能是在那两颗恒星合并时就被立刻释放出来了，但人们耗费了11个小时才在天空中找出它的位置。福利收到了群发的短信后，直接骑车去上班，一面列出了一串星系的名单，准备用位于智利的拉斯坎帕纳斯天文台的1米口径斯沃普望远镜来进行观测，该望远镜在斯沃普超新星巡天观测中已经发挥过作用了。智利的夜幕才刚刚落下，他的团队就开始远程拍摄每一个候选星系的图像。拍到第9张照片时，博士后研究员查理·基尔帕特里克宣称自己"有所发现"：这是一个距离地球1.3亿光年的星系，那里的两颗中子星在一次非同凡响的碰撞中走到了生命的尽头。福利的团队向天文学界发出了提示，其余望远镜也随即转向，纷纷进行了更详细的观测。

智利有无数望远镜都看到了这次事件发出的可见光和红外线，等到夜幕降临夏威夷时，当地的天文学家也观测到了。在事件发生15小时后，出现了一个紫外线信号。9天后，钱德拉X射线天文台捕捉到了X射线信号。

最后，在碰撞发生16天后，无线电信号出现了，这是由新墨西哥州的甚大阵射电望远镜阵列观测到的。2017年10月16日，在美国国家科学基金会及位于德国的ESO总部，兴高采烈的科学家纷纷展示了自己的观测结果，并讲述了发现经过。来自900多家机构的4000多名作者共同完成了一篇期刊论文。这是一项名副其实的国际性成就，世界各地的天文学机构都曾参与其中。

大家看到的这个信号来自一颗千新星，它是两颗中子星碰撞后发生爆炸的结果，遗留下的单颗大质量中子星可能会在短短几毫秒后坍缩成黑洞。2010年，物理学家布莱恩·梅茨格等曾从理论上预测了这种事件发生后会有不同波长的光出现。千新星喷射物质的速度达到了光速的五分之一，并产生了巨量的金和铂：相当于地球质量的十倍！人们认为，在宇宙中所有比铁重的元素里，有半数都是在一对对中子星的碰撞中产生的。

恒星的起源

黑洞、中子星和白矮星标志着宇宙中的恒星走到了生命的尽头，但我们尚未仔细研究过恒星的起源。太阳当初是如何演变成一个巨大的气态球体的？我们相当确定，大约50亿年前，太阳诞生在银河系内的一个恒星摇篮中。太阳的摇篮应该是一团巨大的云，主要由氢气和氦气组成。引力将这些气体吸引到一起，在银河系中形成了一个云雾状团块。那团云起初诞生于一个寒冷之地，那里的温度低于零下200摄氏度，其大小可能与整个太阳系邻近空间相当，直径为几十光年。

在云团内部，偶有某些部分比别处略显成块，密度稍大，这些团块便会逐渐吸引更多的气体，直到坍缩成一大堆由氢和氦组成的旋涡状球体，其中某一个气态球体就是太阳的雏形。随着引力向内拉拽的力度越来越大，它最终会达到足够的高温，致使其核心部位开始发生聚变反应。我们在第五章里会再探讨这个问题。

这就是我们所知的太阳诞生的时刻。大约在同一时间，距太阳不远的姊妹恒星也开始燃烧。太阳离最近的恒星虽有若干光年的距离，但它并不完全孤独。附近的一些气体和尘埃被拉入了一个形如旋涡的盘状物，围绕着太阳旋转，有点像土星环围绕着庞大的土星旋转。在这个圆盘中，相对较为凝聚的部分被吸引到了一起，其中的某一团最终形成了地球这颗行星。

如果太阳诞生的时间先于任何大质量恒星的生命走到尽头的时间，那它就应当纯粹由氢和氦组成。我们认为这两种元素在宇宙形成之初就已产生，对于这个问题会在第五章中做进一步的讨论。当时周围几乎不存在任何其他物质。这就意味着凡是围绕这颗恒星旋转的行星也都仅仅由氢和氦组成，我们熟知的生命在这样的行星上不可能生存。

构成行星和人类自身的众多元素必定有其来源，其中大部分都产生在更为古老的恒星的中心。在那里，我们发现了形成较重元素的"工厂"，红巨星将氦原子聚合到一起，生成氧、碳、氮和其他元素。将所有这些元素送入太空的是超新星或中子星碰撞产生的千新星。爆炸的巨大威力迫使这些混合物向外扩散，正是这些混合物形成了孕育太阳的摇篮云团。新恒星是从旧恒星的遗留物中诞生的。孕育太阳的云仍然基本由氢和氦组成，但对我们来说，至关重要的是其中还具备了一些额外的原子，有了它们才能形成地球这颗岩质行星，以及地球上复杂而多样的万物。

我们确实是由星星构成的。较重的原子组成了地球和地球上的生命，这些原子又是数十亿年前在某些恒星中心巨大的熔炉中产生的，目前那些恒星的生命已经终结。当然了，我们的身体会生长，会自行制造出新的分子，但这只能通过复制已有的细胞来实现，而这些细胞形成的基础则是构成地球的元素。

现在已经看不到我们这颗恒星的摇篮了，因为太阳已经步入中年阶段，孕育它的摇篮早已消亡，但我们可以看到有许多其他的恒星摇篮还散布在银河系中，在别的星系里也比比皆是。最典型的例子之一是美丽的马头星云，它宏伟壮观的塔状气体团庇护着新生的恒星。威廉敏娜·弗莱明于1888年在哈佛大学天文台首次对马头星云进行了记载。笼罩着这些恒星摇篮的尘埃和气体借助普通的光是很难看穿的，因为年幼恒星发出的可见光都被四周包裹的气体和尘埃吸收了，仅凭可见光望远镜，我们无法得知里面发生了什么。幸运的是，年轻恒星发出的红外线可以穿透云团的包裹，一路传入红外望远镜里，让我们得以透过阻隔，看到年轻恒星诞生之地。

寻找行星

认为太阳系本身及绕太阳运转的各大行星的存在是独一无二的，这样的想法并没有什么根据。我们认为，太阳是一颗相当中规中矩的恒星，它是以一种正常的方式形成的。众多星系中的众多气体云形成了众多的恒星，太阳只不过是其中的一颗而已。因此，长期以来，天文学家一直认为，其他恒星同样有可能形成别的恒星系，也就是围绕该恒星运转的行星群。大多数天文学家也猜测，在宇宙中的某个地方，还有其他行星或卫星会产生某种形式的生命。

然而，就在不久之前，我们还无法得知有多少恒星拥有自己的行星，那些行星又是怎样的情形。因为行星本身是不会发光的，至少不会发出特别明亮的光，所以仰望夜空时，即使借助功能强大的望远镜也无法轻易地看到它们。我们看到的是恒星，只能猜测这些恒星周围到底存在着怎样的恒星系。

现今，我们生活在一个奇妙的变革时代，可以为这个问题寻找答案了。就在过去20年左右，天文学家已经构想出了如何寻找银河系中围绕遥远的恒星运转的行星，并为此开发出了全新的望远镜。他们可真是发现了宝藏！1992年，天文学家亚历山大·沃尔兹森和戴尔·弗雷尔发现了围绕着一颗脉冲星运转的两颗行星，鉴于产生中子星的天文事件往往都非常极端，这在当时堪称惊人的发现。此后不久，瑞士天文学家米歇尔·马约尔和迪迪埃·奎洛兹在1995年又发现了一颗绕类日恒星运转的行星，它距离地球约50光年。这颗行星被命名为飞马座51b，其中"飞马座51"是其围绕运行的恒星的名字。它是一颗类似木星的行星，围绕恒星公转一周仅需4天，而且它与该恒星的距离比水星与太阳的距离还要近。4天的公转周期比太阳系中的任何一颗行星都要短得多，这也预示着未来即将发现的行星具有令人难以置信的多样性。此后10年，人们大概发现了200颗行星，到2018年，这个数字猛然间飙升至3000多颗。对于如此迅猛的激增，NASA在2009年发射的开普勒卫星居功至伟。现今人们发现了大量的行星，随着新的太空望远镜投入使用，在未来10年还有望再发现成千上万颗行星。如今，太阳系外行星（又称系外行星）是天文学中一个重要的新领域，它关联着一些引人入胜的问题，比如地球到底有多独特？地球上的生命到底有多独特？

我们可以使用几种不同的方法来寻找行星。要想直接看到行星是很困难的，因为其母星发出的光非常明亮。这种挑战的难度类似于要在晚上拍摄到泛光灯旁的一只萤火虫：泛光灯的强光完全盖过了萤火虫的那点光芒。

但是，如果用日冕仪（日冕仪可以用来掩盖恒星的光，就像你可以用手遮挡住泛光灯的光一样）遮挡住恒星的光辉，就可以看到离恒星相当远的某颗大行星。截至2018年，用这种方法只发现了大约20颗行星，相比于地球与太阳的距离，它们与其母星的距离要远上数十到数千倍。未来的太空望远镜（包括NASA的广域红外勘测望远镜）旨在发现比这多得多的行星。

其他方法则有赖于寻找间接的证据，以此来证明行星的存在。人们发现第一批行星时，采用的方法基于行星会使其恒星发生摆动这一事实。由于行星和恒星都有质量，所以并非行星围绕着恒星的中心点运行，而是恒星和行星围绕着它们共同的质心运行，该质心位于它们之间，恒星的质量更大，因此质心离恒星也就更近。这样一来，在行星绕轨道运转时，恒星就会发生摆动，轻微地靠近我们或远离我们。我们可以利用多普勒效应来测试一颗恒星是否在以这种方式移动。对于多普勒效应，大家很可能都有体会，当警车或救护车鸣笛驶向我们或驶离我们时，鸣笛声的变化就体现了多普勒效应。如果发出声音或光的物体朝向我们移动，在我们的感知中，声波或光波的波长就会比不动时要短，波峰到来得更为频繁。对声音而言，这种情况下听到的音调要比平时高。对可见光而言，这样会将光的波长挤压向七色光中波长较短的"蓝色"端。反之亦然，当声源或光源远离我们时，音调就会显得更低，或者颜色就会显得更红。光源移动的速度越快，颜色变化的幅度也就越大。

在行星围绕恒星运行的周期内，当恒星靠近我们时，恒星发出的光的波长会显得稍短一些；而当恒星远离我们时，光的波长又会显得略长一些。不过这种变化很轻微，速度仅有每秒几十米，需要借助精密的分光镜才能分辨出。用这一方法成功发现了飞马座51b后，人们受到了启发，用大型望远镜对其他恒星展开了更集中的搜索，结果就是在20世纪90年代末发现了几百颗系外行星。同样的摆动效应也会导致绕脉冲星运转的行星对脉冲信号的规律性造成干扰。1992年，沃尔兹森和弗雷尔正是凭借这种方法发现了第一批太阳系外行星。

还有一种方法日渐流行，即寻找行星在沿轨道运行时从母星前方经过的现象。在经过的过程中，行星会遮挡住来自恒星的一部分光，就像萤火虫直接从泛光灯前方飞过一样。这种变暗效应微乎其微，因为恒星相当明亮，而行星又相对较小，但NASA的开普勒卫星在设计上恰恰适合于寻找这类"凌日"现象。它发现的大多数行星都是绕轨道快速运转的行星，因为在观测期间（可以持续数年），如果某颗行星多次从恒星前方经过，就更容易被发现（图2.7）。像木星这样的行星需要12年才能公转一周，所以用这种方法几乎是不可能找到的。这种方法同样只能找到极少一部分的行星，它们由于轨道特定的排列方式而恰好落入我们的视线。

根据开普勒卫星所做的行星普查结果，天文学家估计，仅在银河系中，类似太阳这样的恒星至少有一半都拥有一颗或以上比地球更大、公转周期小于一个地球年的行星。很可能每颗类似太阳的恒星都至少有一颗行星围绕其运行，但我们尚未发现那些公转周期更长及由于轨道的排列方式而无法被看到的行星。目前已知某些恒星拥有完整的恒星系，其中最多的共有八颗行星。

太阳系中的各行星本就各不相同，但这样一来，这个包含范围更广的行星大家庭就变得越发多样化了，其中有许多行星都与我们这颗行星截然不同。我们已经发现了像木星这样的气态巨行星，它们与其母星的距离比水星与太阳的距离还要近得多，绕母星公转一周仅需数小时或数天。有些行星围绕着某一颗恒星运行，而这颗恒星本身又在围绕另一颗伴星运行，还有些行星甚至同时围绕这样两颗恒星运行。这些行星被称为"塔图因"

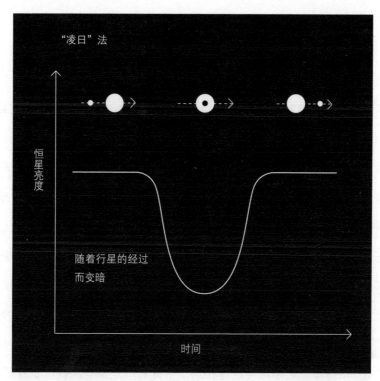

图2.7　发现围绕另一颗恒星运转的行星。当它从恒星前方经过时，会使恒星的光略微变暗

行星，这个名字源于《星球大战》中主角卢克的故乡。目前发现的运行轨道距母星最远的行星与母星的距离相当于日地距离的数百倍，绕母星运行一周需要数千年时间。那些最庞大的行星比木星还要大很多倍。某些岩质行星与其恒星的距离过近，其表面必定被熔岩所覆盖。还有一些行星估计完全被水体所覆盖。

　　尽管这些新行星的"宝藏"非常丰富，但世人对它们的了解还仅限于皮毛而已。就目前而言，我们还只能发现银河系内绕恒星运转的行星，因为银河系以外的星系实在太过遥远。我们推测，在其他星系中，行星的数量同样多不胜数。已经发现的那些恒星系本来就是用现有方法最有可能发现的恒星系，毫无疑问，还有更多的恒星系有待发现。

搜寻行星的目标之一，是弄清在其他恒星周围形成类似地球的宜居行星的可能性有多大，倘若能找到一颗这样的行星，那就更好了。我们对宜居带的定义是恒星周围的一定区域，该区域内的行星表面确实可以有液态水存在。这就是所谓的"金发姑娘区"。这里的条件必须恰到好处：既不太热，也不太冷，有坚实的星球表面。在太阳系中，火星就位于这样的区域内，当然了，地球也是如此。目前，在各恒星的宜居带内已经发现了数十颗行星，我们如今认为，仅在银河系中的各个宜居带内，就有数亿颗大小与地球相近的行星。迄今发现的相距最近的一颗与我们只有约10光年的距离，就位于太阳系邻近空间内，还有证据表明，在距离最近的恒星——比邻星周围可能也有一颗这样的行星。近期还有一项令人极为兴奋的收获，那就是2015年发现的特拉比斯特-1恒星系，距离我们只有40光年。该恒星系内有7颗行星，大小均与地球相当，估计其中至少有两颗位于宜居带内。这七颗行星的轨道与该恒星的距离都比水星到太阳的距离近得多，因此，这些行星上的一年仅相当于2到19个地球日，而且其中至少一颗行星上存在由液态水形成的海洋。这个恒星系离地球这么近，又有如此众多的行星，无疑将会成为未来重要的研究项目关注的焦点。

行星仅仅位于宜居带内尚且不够，还需要具备适宜的环境，尤其是大气条件。举例来说，金星上的大气层充斥着硫酸，可能对任何生命形式来说都具有毒性。现在人们开始观察类木行星的大气层，看看其中是否含有我们认为生命所必需的元素，以及是否会显示出有生命存在的迹象。为了在未来几十年间持续进行这项探索，已有一系列新的卫星和望远镜做好了准备，其中包括欧洲极大望远镜和詹姆斯·韦伯太空望远镜。在可预见的将来，我们可能还会发现与地球极为相似的星球，这种可能性实在令人兴奋。我们尤其希望在岩质系外行星的大气层中找到诸如氧气、臭氧和甲烷这样的化学物质。由于来自母星的光或者与星球表面的岩石发生的化学反应，这类物质往往会减少，所以一旦发现它们，就暗示着这里可能有生命存在。请不要忘记，正是地球上的树木和藻类为地球大气层补充了氧气。特拉比斯特-1恒星系无疑也会成为此次探索的对象之一。

若能发现新的恒星系，除了可以为地球是不是独一无二的生命之乡这个基本问题寻求答案，也有助于我们更好地理解太阳系是如何形成的，它在生命过程中可能经历过怎样的变化。目前人们认为，太阳系内的几大行星曾在太阳系内部发生过迁移，之所以会有这种观点，部分原因正是在观察其他恒星周围的行星活动时受到的启发。由于眼界的拓宽，我们对自己的家园产生了全新的认识。而且，唯有通过拓宽在天文学方面的社会学视野，如允许女性参与、鼓励国际行动和合作，我们才能在过去的100年里取得如此惊人的成就。

见不可见

借用一个带"星"字的比喻来说，恒星是宇宙中的"明星球员"。在地球上，太阳照亮了我们的白昼，其他恒星点缀了我们的夜晚。假设能将整个银河系尽收眼底，我们就会看到一个直径为10万光年的旋涡形盘状物，其中充满了恒星。相比之下，其他天体显得暗淡无光。但是，正如前文所述，我们正尝试着去发现越来越多遥远的行星。而且除此之外，宇宙中还存在着许多别的东西，其中有一些用对可见光敏感的望远镜基本上是看不见的，还有一些则根本不可见。

气体、尘埃与星系类别

前文中提及的气体和尘埃也在宇宙中最重要的附属成分之列。银河系中的大部分气体都位于各旋臂上的云团中，新的恒星便是在这些地方诞生的。其中有许多气体在数十亿年前银河系形成之时就已存在，也有一些是来自死亡恒星的残留物。正如前一章中所述，作为恒星摇篮的气体云温度极低，达到了零下200多摄氏度。它们固然会发出少量的可见光（这是由包裹在内的恒星散射出来的），但要想看到它们，最好的方式还是通过射电望远镜及红外望远镜。整个银河系中还有一些更为炽热的气体，被附近的恒星加热到了上百万摄氏度的高温。其中主要是氢气，但这些原子的温度太高，因而被分解成了更小的组成部分，即质子和电子。这一过程被称为气体的"电离"，因为离子指的是带电荷的粒子，如内有质子的氢原子核。这些高温气体发出的主要是X射线，它们进一步向外扩散，甚至比银河系恒星的分布范围还要广阔，形成了一团暗淡的气体晕轮，将银河系笼罩在内。

在整个银河系中还散布着微小的宇宙尘埃颗粒，这种尘埃和我们家里常见的灰尘大不相同。地球上的灰尘颗粒直径可达0.1毫米，小的也有0.001毫米左右；大多数的宇宙尘埃都要比这些更小，有时其直径仅相当于几十个原子的宽度，大小更接近于烟雾中的微粒。这些尘埃颗粒是由包含碳和硅等各种元素的混合物构成的，我们认为，它们是在古老的巨大恒星中形成的，在恒星走到生命的尽头时被喷射到了太空中。在银河系里，尘埃无处不在，不过大多数尘埃也像恒星和气体一样，聚集在密度较大的旋臂中。当新恒星诞生时，有些尘埃会与作为恒星摇篮的气体混合在一起，最终形成新的行星。

　　与气体一样，这些微小的尘埃颗粒也可以被其周围的星光加热，而这样的热量会产生红外线。我们现已拍摄到了相邻星系的美丽照片，其中就有毗邻的仙女星系。这些照片是用红外望远镜（包括NASA的史匹哲太空望远镜）拍下的。就仙女星系而言，上述照片提供了一个与标准照片截然不同的视角，在新恒星形成的地方显示出了螺旋形的尘埃臂。我们也可以用红外望远镜来为银河系拍摄类似的照片，但因为拍照的位置还在本星系内，所以我们始终没有机会一次性看清完整的银河系。

　　气体和尘埃固然是银河系中重要的组成部分，不过，假如将所有的恒星、气体、尘埃和行星的质量想象成一袋一千克重的面粉，大约能装满八个杯子，那么所有的气体质量只占一个杯子，而尘埃质量还不到半勺。银河系中虽有数十亿颗行星，但这些行星的质量仅相当于一小撮面粉而已。这袋面粉里剩下的就全是恒星的质量了。

　　在银河系的正中央，还潜藏着一个巨型天体，它甚至比气体和尘埃还要难以探测。这是一个巨大的黑洞，比太阳要重几百万倍，比第二章中提及的在巨型恒星的生命终结时遗留下的黑洞（可能只比太阳重几倍，或者顶多100倍）要大得多。我们尚不清楚位于银河系中心的这个黑洞比别的黑洞重这么多的原因。它一开始或许只是个普通黑洞，逐渐吞噬了周围所有的气体，变得越来越重；或者它一开始是一颗巨大的恒星，然后迅速坍缩成了一个黑洞；又或者是多个黑洞合并成了一个。

我们现在还不了解这个黑洞的历史，却知道它必定就在那里，因为可以看到一颗颗恒星正围绕着银河系中心一个看不见的物体飞行。来自加利福尼亚大学洛杉矶分校的美国天文学家安德烈娅·盖兹正率领着一个研究团队，利用位于夏威夷冒纳凯阿山上的 10 米口径凯克望远镜来研究银河系的中心。他们使用了一台可以观测红外线的相机，以便透过其周围的尘埃来观察恒星。银河系中心的黑洞被称为"人马座 A*"，20 多年来，她和她的团队一直在追踪这个黑洞周围的恒星运行的路径。牛顿的万有引力定律告诉我们，天体的质量越大，物体围绕其运行的速度就越快。盖兹的团队已经计算出，人马座 A* 必定具备强大的引力，其质量大约相当于太阳的 400 万倍，并被压缩到极小的体积，唯有如此，才能使附近的恒星以这么快的速度绕其运行。

宇宙中所有其他的星系组成都与银河系相似，而且我们认为，许多星系的中心都有巨大的黑洞存在。不过，各星系中恒星、气体和尘埃所达到的平衡有所不同，这取决于星系的类型，而且每个星系呈现出的形状也不一样。我们尚未完全理解星系的形状是如何形成的，又是如何随着时间的推移而演变的，但早在 1936 年，埃德温·哈勃便将星系分成了三类，并在他的著作《星云世界》中进行了阐述。第一类是旋涡星系，比如银河系和毗邻的仙女星系，平时最常观测到的就是这类星系。旋涡星系是由恒星形成的一个旋转的盘状物，各旋臂在中央位置汇聚成更为庞大的凸出部分。在许多旋涡星系中，这个凸出的部分有所拉长，成了顺着中央延伸的密度更大的棒旋星系。

　　第二类是椭圆星系（图3.1）。这些星系是由恒星聚集而成的球状物，被压扁或挤压成了各不相同的形状，有的是球体，有的像被拉长的橄榄球，有的像被压扁的糖豆。在椭圆星系当中，有许多可能是已有的星系发生碰撞后形成的，所以最终会变得比旋涡星系大很多倍。许多年以后，等到银河系与仙女星系发生碰撞时，地球最终很可能也会置身于一个椭圆星系中。

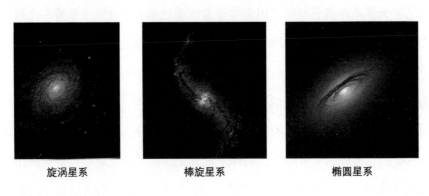

旋涡星系　　　　　　棒旋星系　　　　　　椭圆星系

图3.1　星系的形状

　　这些碰撞致使椭圆星系中的恒星经常朝着任意方向运动，而不是像在旋涡星系中那样旋转。椭圆星系中的气体和尘埃也比旋涡星系中少得多，因而基本不再形成新的恒星。在这些星系中，质量较大、寿命较短的白色恒星和蓝色恒星在很久以前便已消失，因此，主要存在的恒星都是质量较小、寿命较长的红色恒星。

　　第三类是不规则星系，它们既非旋涡星系，也非椭圆星系。与我们相邻的小星系——麦哲伦星系就属于这种类型，边界不清，状如星云。

　　星系之间的间隔并不规律。正如第一章中所述，星系聚集在一起，形成星系群与星系团，又进一步聚集成超星系团。不过，假如我们想象一下，让所有星系在整个宇宙中均匀分布，我们就会发现星系之间的距离相隔几百万光年。记住，星系的直径可能约有10万光年，所以平均而言，星系之间相隔的空间比每个星系的直径要大10到100倍。这些空间并不完全是空无一物的。温度高达上百万摄氏度的炽热气体不仅包裹着每个星系，也充斥于星系团中各个星系之间的空间，通常按在相当于鞋盒那么大的空间里有几个质子和电子这样的比例分布。我们无法使用光学望远镜来观察这种气体，但如果借助X射线来看的话，它就会显得很明亮。天文学家尚未完全理解这些气体是如何分布到那些地方去的，但其范围极大，以至于将所有星系里恒星中的原子加在一起，也仅占到可观测宇宙中所有原子数量的5%左右。

暗物质

除了黑洞，借助能捕捉不同波长的光的望远镜，宇宙中所有成分都可以被我们观测到。太空中有很多明亮的天体，吸引了我们的注意力，但迟早有一天，我们会开始好奇，充斥着各个星系和整个宇宙的是否还有其他看不见的东西。每到夜晚，从太空中俯瞰地球的宇航员看到的只有城市、小镇、村庄等闪烁的光芒。但是，即使除了光别的什么也看不见，他们也知道，下方还有那么多其他的存在，我们的地球被田野、河谷、山脉和海洋所覆盖，如同一幅华美的织锦。

光可以帮助宇航员看到不可见的东西，或者至少对不可见的东西有所了解。最明亮的光交织成的网必定是城市；在黑暗中蜿蜒而过的长长一排灯光必定是道路；铺陈在伸手不见五指的黑暗旁边那条明亮的光带必定是海岸，海滨城镇标记出了大海的边缘。

就像宇航员从上方俯瞰地球那样，我们通过仰望空中能看到的光，也能对太空中的不可见之物有所了解。关键就在于引力，因为引力无所谓某物是否发光，引力只关乎物体的质量。某个漆黑的大质量物体可以把某个明亮的物体（如一颗恒星）朝它的方向吸引。我们看到恒星朝着某个不可见的点移动，就知道那里必定有大质量物体存在。不妨想象一下，在地球上来做一个类似的思维实验。想象自己在伸手不见五指的夜里注视着一支手电筒，周围一片漆黑。现在，如果拿着手电筒的人放手，我们就会看到它很快穿过黑暗，掉落到地面上。之所以会发生这种情况，是因为漆黑的地球所具备的引力拉拽着手电筒朝其坠落。假设没有地球，手电筒就会悬在空中。通过观察手电筒是如何移动的，便可以精确地计算出地面的位置。我还可以通过测量手电筒下落的速度来计算地球的质量。如果同样的手电筒是在月球上掉落的，那它下坠的速度就会更慢，因为月球的质量小于地球。

　　用同样的思路，通过观察较小的物体在其周围运行的速度，我们可以得出远在地球之外的巨大天体的质量。再来想象一下黑夜里的那支手电筒，这一次，我们把它远远地抛到空中，假设你用的力道极大，把它扔到了绕地球运行的轨道上。地球的引力不断地将其向内拉拽，但最初的投掷力使手电筒绕着圈飞行，永远不会再落回到地球上来。再想象一下把阳光像灯光一样被关掉片刻，我们就会看到明亮的手电筒绕着漆黑的地球一圈又一圈地移动。假设是从远处观察这一现象，我们就只能看到一束亮光在绕着圈飞来飞去。即使看不见地球，我们也会知道，有什么东西在那个圈里拉拽着它。地球的质量越大，那道亮光移动的速度就会越快。因此，仅仅通过观察轨道上的光，就能算出地球的质量。

　　同样的方法也可以帮助我们计算庞大得多的天体（比如恒星、星系乃至星系团）的质量。如果不借助这样的方法，天文学家也可以通过望远镜来观察宇宙中的天体，测量颜色和亮度等属性，从而估算出它们的质量。如果估算的对象是一个星系，他们就可以测量它的距离有多远、发出的光有多亮，得知有代表性的恒星的亮度，就可以估算出它的质量。更精确的估测方法是直接利用引力，计算物体围绕其运行的速度。其间的区别有点像目测一个人的体重和用体重秤给他称重的区别。无疑，用体重秤称出来的结果会更准确。

富有远见的弗里茨·兹威基因在超新星和中子星方面的贡献而闻名于世，在20世纪30年代，他意识到，上述第二种方法可以帮他测出整个星系团的质量。仅在短短10年前，埃德温·哈勃刚刚发现银河系外还有别的星系存在，但兹威基学习新思想的速度很快。他将研究的焦点集中于后发座星系团，该星系团离本星系群仅有几亿光年远。在星系团中，一般中央位置有一个或多个较大的星系，其他星系则围绕着星系团的质心旋转。不过，它们的运动轨迹并不局限于扁平的圆盘，而是呈现出更接近于球体的形状。

兹威基研究了各星系在后发座星系团内是如何移动的，发现它们的移动速度似乎比预计速度要快得多。他通过对各星系的亮度进行观察，算出其中总共应该有多少颗恒星，进而算出后发座星系团中所有星系的质量。根据这个计算结果，星系移动的速度未免太快了。确切地说，这么快的移动速度使后发座的质量显得比观察并计算出的结果要大许多倍。充斥于星系间的气体解释不了为何会有这么大的质量。为了对此做出解释，兹威基提出了一个设想：在后发座中必定存在着某种看不见的物质，只有使用第二种直接引力法来测算时，才能在计算结果中显现出来。他不知道这种物质到底是什么，但在1933年发表于瑞士期刊上的一篇文章中，他给它起了个名字——"暗物质"。这是个引人入胜的想法，这条线索最先显示出太空中可能不止包含人类能观测的部分。后来，暗物质成为我们这个时代最深不可测的谜团之一，但兹威基的发现被搁置了几十年，等待着科技的发展来追赶他的步伐。

在对整个星系团进行观察时，兹威基注意到了星系移动速度过快这一谜团。在接下来的若干年里，研究单个星系的其他人也遇到了同样的谜团。一个星系的质量越大，向内的引力就越强，它的自转速度就越快，其中所有恒星的移动速度也就越快。20世纪30年代末，美国天文学家贺拉斯·巴布科克首次注意到，在与我们毗邻的仙女星系中，恒星的运动速度约为预计速度的两倍。这很奇怪，但当时巴布科克并没有把这个想法与某种被搁置的物质联系起来。又过了20年，在1959年，荷兰天文学家路易丝·沃尔德斯测量了另一个相邻星系——三角座星系里的恒星，又发现了类似的奇怪现象：恒星运行的速度同样太快了。其中定有奇怪之处，但在当时，谁也没有将这种现象与兹威基关于暗物质的想法联系起来。

直到20世纪60年代末，这个问题才有了头绪，而兹威基多年前提出的想法才真正开始流行起来。人们耗费了那么久的时间，才将望远镜改进到足够强大的水平，可以观测到足够遥远的距离、捕捉到充足的细节，从而能确切地测定星系的运动。这要归功于美国天文学家薇拉·鲁宾，她和同事肯特·福特携手合作，开创了一套变革性的测定方法，并非仅仅测定了一两个星系，而是测定了数十个独立的星系。鲁宾是一位真正的开拓者。20世纪40年代末，她在瓦萨学院学习物理学，后来又申请进入普林斯顿大学攻读研究生。然而，直到1961年，普林斯顿才开始招收首位全日制女性研究生。鲁宾转而进入康奈尔大学攻读硕士学位，师从著名物理学家理查德·费曼，学习量子力学。后来，她搬到华盛顿特区的乔治敦攻读博士学位，因为白天要照顾两个年幼的孩子，经常只能等到晚上再去听课。在此期间，她取得了一系列重要的新发现。她发觉太空中的星系是聚集成团的，而不是随机分散的。

博士毕业后，鲁宾留在乔治敦大学继续担任研究员，后来又升任教授。1965年，她搬到了相距不远的华盛顿卡内基科学研究所。在研究所里，她申请使用了加利福尼亚州帕洛玛天文台的5米口径海耳望远镜，这是当时全世界最大的光学望远镜，由天文学家乔治·埃勒里·海耳于20世纪20年代设计和筹建。在建造世界级的先进望远镜方面，海耳是一名伟大的开拓者。也是由于他为埃德温·哈勃提供了进入威尔逊山天文台工作的机会，哈勃才得以在那里取得为数众多的重要发现。海耳望远镜于20世纪30年代后期开始建造，但直到1949年才投入使用，当时海耳已去世数年了。第一位使用这台望远镜的人是埃德温·哈勃。

1965年以前，唯独男性才有资格使用帕洛玛天文台的望远镜，这不禁让人联想起此前哈佛大学禁止女性"人肉计算机"使用望远镜的那些日子。不过时代在进步，薇拉·鲁宾打破了这些陈规，成为首位获准使用该天文台望远镜的女性。当时的建筑设施在设计时并未考虑过会有女性使用，鲁宾的前同事、普林斯顿大学的天体物理学教授内塔·巴科尔回忆道，鲁宾用纸剪了条裙子，贴在卫生间门上，就这样开辟了一间女厕所。

鲁宾和同事肯特·福特一起努力工作。福特制造了一具非常灵敏的光谱仪，这种仪器可以把来自星系的光分成不同的颜色或波长。二人将其安装到海耳望远镜中，用它来测量恒星在某个星系中运行的速度，采用的方法是观察来自星系不同部分的光的波长，以及利用多普勒效应（图3.2）。如果某个星系是在一个圆盘上旋转的话，那么我们从侧面观察，一侧的恒星相对于中心就会朝着我们的方向移动，发出的光的波长似乎会比平时更短；而另一侧的恒星就会远离我们，波长似乎就更长。

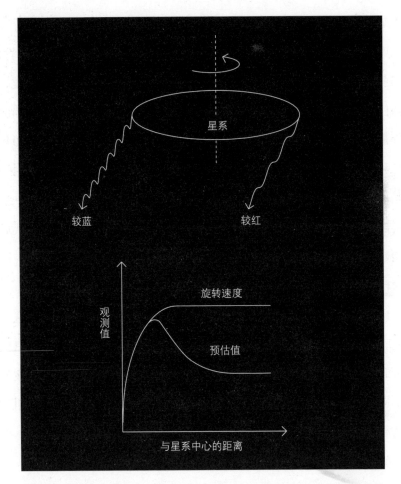

图3.2 借助多普勒效应,我们便可测量出星系旋转的速度有多快。位于旋涡星系边缘位置的恒星移动速度比预计的更快,这就说明还有其他看不见的物质包裹在该星系周围

　　鲁宾和福特利用这一效应计算出了每个星系内恒星的移动速度,特别是在离星系中心更远的位置上它们的速度变化。正因为如此,他们才需要用到这样大口径的望远镜,因为他们需要在高清晰度条件下查看星系的各个组成部分,而非仅仅观察犹如一团光晕的整个星系。二人首先观测了仙女星系,然后又观测了50多个遥远的旋涡星系。在所有这些星系中,他们

发现了一个出乎意料的模式：无论与星系中心的距离是远还是近，几乎所有的恒星都在以相差无几的速度运行。在银河系中，这个速度约为每秒220千米。

而二人原本预想的情况与此大不相同。就所能观察到的恒星、气体和尘埃而言，各星系的中央位置似乎存在密度较大的明亮凸起，由恒星和气体组成，周围环绕着密度较小的星盘。按照原先的设想，由于距离星系中质量最大的部分（中心部分）越来越远，在最明亮的中央凸起部位的边缘之外，恒星运行的速度会越来越慢。

想法虽是如此，但与鲁宾和福特的观测结果并不相符。即使已经位于星系盘的边缘上，那里的恒星仍在快速运行，而距离更远的恒星速度也并没有丝毫减缓。必定还有别的原因。鲁宾意识到，假设星系中还存在着超出恒星分布范围的额外质量，这一切就都顺理成章了。只有当每个星系的实际直径比表面看上去的直径大几倍，并且多达90%的质量都完全不可见时，预计的运动模式才会与实际观测结果相符。就仿佛恒星只是城市里的明亮灯光，被辽阔得多的星系里黑暗的乡村地带所环绕。

这样的设想很奇怪，而且令人诧异。1976年，当他们发表自己的研究成果时，这一想法最初招致了严重的怀疑。或许这原本不至于如此惊人，据鲁宾本人回忆，这与40年前兹威基提出的观点不谋而合。这就是所谓的"暗物质"，我们看不见它，却又确实能感知到其引力。多年前，后发座星系团就曾显露过暗物质的迹象，现在，有100个星系正在重复传递着同样的信息。不久以后，情况就变得很清晰了，鲁宾和福特发现了令人信服的证明暗物质的确存在的证据。大约在同一时间，普林斯顿大学的杰里·欧斯特里克和吉姆·皮布尔斯用计算机模拟计算表明，倘若某个星系中完全没有不可见的暗物质，它就不可能维持我们看到的盘状结构。星系需要暗物质来防止发生分裂。一切都变得合理，兹威基的暗物质又重现于世。直至今日，暗物质仍然是个谜团：这种物质完全不发光，我们根本看不见。

计算机模拟

据我们所知，每个星系、星系群和星系团中都有暗物质。它不仅存在于那些庞大天体的内部及周围，还贯穿于太空中，形成了一张相互联系的宇宙巨网。这张网让人联想到大脑中的神经元，只是扩展到了极为宏大的尺度。它凌驾于可见的物质之上。相比于这张更为庞大的黑暗之网，各个星系中星光闪耀的部分只是网中明亮的宝石而已。

较之兹威基所处的时代，如今我们理解暗物质并为其绘制分布图的能力强大了很多倍，这不仅是因为借助了更先进的望远镜，还因为有了计算机。在过去几十年间，计算机领域发生了难以想象的飞跃，这意味着现今的计算机几乎与望远镜一样不可或缺，因为它们的运算速度比人类快得多。我们可以用计算机绘制出一幅宇宙的虚拟地图，建立一个模型，其中包含了用计算机模拟出的所有暗物质，在某些情况下还包括了组成宇宙之网的各个星系，这种方法有助于我们理解暗物质（图3.3）。

为了实现这一过程，我们将物理定律输入计算机，添加各种指令来模拟暗物质的存在，并要求计算机得出所有暗物质随着时间推移的变化情况。我们固然知道真实宇宙中的引力会使暗物质聚集成团，但比起用纸和笔运算所能做出的预测，计算机可以帮我们模拟出详细得多的结果。我们让暗物质分散在人工模拟出的整个太空中，启动引力，然后在计算机里让这一过程加速进行。计算机会算出引力对所有暗物质团的影响，随着时间的流

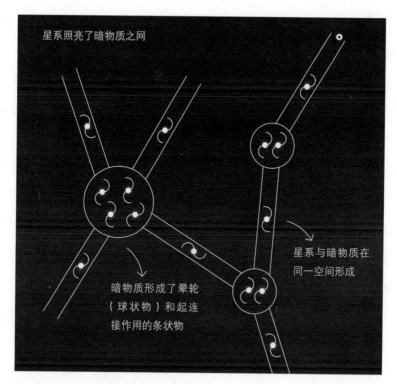

图3.3　描绘宇宙暗物质之网的漫画

逝，我们逐渐看到某些暗物质团变得越来越大，彼此间产生了间隙。计算机模拟结果详细地展示了这些贯穿于太空中的长条状和片状暗物质是如何将各个暗物质团连接到一起的。

　　要想用计算机来实现这个目的、得出前人未曾取得过的成果，就需要利用计算机代码编写一套要求计算机每一步解决什么问题的指令。执行某项任务的指令可以用多种不同的计算机语言来编写。计算机编程与望远镜已经成为现代天文学的基础，而我们理解宇宙的能力也与计算机功能的强大程度密切相关。在追踪暗物质演变过程的示例中，每一次累加都很简单，因为只涉及简单的引力定律，但要追踪每一点暗物质是如何与其余所有暗物质相互影响的，就需要以很快的速度连续地执行大量的运算。

　　20世纪80年代，被称为"四人组"的几位天文学家首创了最早的计算机模拟实验，显示了暗物质是如何形成宇宙结构的。这四人分别是乔治·艾夫斯塔休、西蒙·怀特、卡洛斯·弗伦克和马克·戴维斯。他们企图用计算机模拟来解释在针对星系的首次大型巡天观测中发现的一些意想不到的结果。在马克·戴维斯的领导下，哈佛大学天体物理学中心于1981年完成了这次巡天观测，绘制出了2000多个星系的位置图，观测的范围远至室女座超星系团之外的遥远太空。天文学家观察到各星系聚集成了若干节点和长条，其间存在着巨大的空隙。星系所在的位置应该就是暗物质的密度最大之处，所以这是第一次间接观测暗物质网。当时，这张网在宇宙史上的形成过程尚未得到很好的理解（我们会在第五章里继续探讨这个问题），因此，能够模拟出可能的情况就会大有助益，而这些最早的计算机模拟实验确实重现了一些与观察结果相符的特征。

　　自从哈佛大学完成这次项目以来，人们一直在用越来越先进的方法进行巡天观测，近期开展的项目中包括斯隆数字巡天，它使用的是位于新墨西哥州阿帕奇波因特天文台的2.5米口径光学望远镜，测量了超过200万个星系的位置。通过这些巡天观测项目，我们对星系群和星系团在太空中的位置有了更清晰的认识。随着观测宇宙结构的能力逐渐提升，计算机模拟的保真度也必须加以改善。今天，我们可以通过数值模拟来了解数十亿年的时间里多达数百亿的暗物质团块。2017年，由德国天文学家沃尔克·斯普林格尔领导的团队开展了最尖端的"新一代揭示计划"模拟项目，这样的模拟要消耗大量的算力。它需要数千年的计算机时间来实现，同时运行成千上万台计算机，并将其在一台超级计算机内连接到一起，模拟过程耗时数月。这样的计算机模拟用十分详尽的方式向我们呈现了宇宙中的暗物质网可能是怎样的模样，还模拟了宇宙中的气体和恒星，以帮助我们了解星系可能是以何种方式形成和演化的。总体来说，对星系的观测结果与计算机模拟做出的预测仍然吻合得很好。

引力透镜

测量星系旋转的速度，或者利用星系作为指向标，这两种方式都可以作为寻找暗物质的途径。爱因斯坦的理论还向我们展示了另一种奇特的观察暗物质的方式。除非受到某个具备质量的物体的引力影响，否则光在太空中就会沿着直线传播。为了理解这一点，我们一开始可以先把空旷的太空想象成一块薄薄的橡胶板，向外延展开去，就像一张极为柔韧的蹦床。类似星系的某个天体压在这张"橡胶蹦床"上，使它变形。天体质量越大，空间弯曲的程度就越大，就像铅球比泡沫球给橡胶蹦床造成的凹陷更深一样。

现在，可以设想一下某个较小的物体会如何沿着蹦床表面移动，借此来想象它会如何穿过太空。我们不妨想象把一个特别重的球放在蹦床正中，然后把弹珠朝球的方向滚去。假如把弹珠直接滚向那个球，它就会径直落进球在蹦床上压出的凹坑，并在坑里停留不动。假如把弹珠朝着离球足够远的地方滚去，完全避开那个凹坑，弹珠就会在蹦床表面沿直线滚动。再假如把弹珠滚向离球足够近的位置，弹珠就会到达球在蹦床表面压出的那个凹坑边缘，这时就会出现更加有趣的情况：弹珠会绕过那个球，滚动的方向会出现少许改变。

这时再想象一下，有个朋友站在蹦床另一边的地上，正对着那个球。如果你把球拿走，弹出一粒弹珠，使其穿过蹦床的表面，朝你朋友身体的

左侧或右侧滚去，弹珠就会沿直线滚向那个位置。现在再把球放回到蹦床
上，把弹珠朝同样的方向滚去，这一回，弹珠就不会径直朝着你朋友身体
的某一侧滚了，当遇到那个球压出的凹坑时，弹珠会发生轻微的转向，直
接朝你朋友身体的中间部位滚去，落入她的手中。假如我们把弹珠朝着球
体另一边类似的位置滚去，它的路线也会朝另一个方向弯曲，弹珠会沿弧
线滚向那位朋友，最终到达同一个地方（图3.4）。

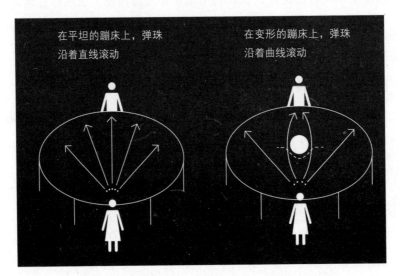

图3.4　将光穿过太空的路径想象成在蹦床上弹珠滚动的路线

　　这与物体在太空中的运动方式是相似的，物体会沿着大质量天体造成
的凹陷的轮廓运动。这是爱因斯坦最伟大的发现之一，他认识到质量和能
量会使空间发生弯曲，凡是运动的物体，必定都会在被引力扭曲的表面上
沿着某条路径运动。要想象这种影响在三维空间中是如何发挥作用的会更
困难一些。在方才的实验中，蹦床的表面一开始是个二维平面，在球体压
力的作用下才产生了第三个维度，即上下方向。太空就像是三维的蹦床表
面，可以向各个方向拉伸。某个大质量的天体会使太空发生弯曲，就像沉

重的球体会使蹦床发生弯曲那样，但要想象出这一点并不容易，因为我们的大脑是三维的，根本无法想象出弯曲产生的第四维空间。即便如此，我们仍然可以想象一下由此产生的结果。就像在蹦床上那样，我们可以让弹珠从左边或右边绕过那个球，滚到站在蹦床另一边的朋友那里去，不过现在，我们也可以让弹珠从球的上方或下方绕过。

爱因斯坦发觉，不仅诸如陨石或彗星这类小天体会在太空中这样移动，光也同样如此。想象一下，光从某个明亮的光源朝着太空中的大质量天体射去。径直射向这个天体的光会直接撞上它，就此终止；偏离该天体较远距离的光会继续沿直线前进；而在这两种光之间，会有一部分光与这个大天体的距离恰好足够接近，于是便射入了那部分稍有变形的空间。这些光会发生弯曲，其中有一部分光的弯曲程度恰好足以射入我们眼中，于是它们就会绕过该天体，传到我们这里来。

这种效应被称为"引力透镜效应"，由大质量天体充当透镜，使光发生弯曲，而背景光源往往是整个星系。这个大质量天体可能是某个星系团，如果那个明亮的星系恰好位于充当透镜的天体后方，我们就会看到它发出的光扩散成一个以透镜为中心的光环。这样的光环被称为"爱因斯坦环"。如果星系的位置略有偏移，稍微偏向某一侧，那我们最终就会看到同一个星系的若干影像。如前所述，弹珠从两边绕过蹦床上的重物，来到那位朋友面前，光也会有这样的表现。在弹珠的来源方向可以看到星系的若干"副本"（或者影像），而且每一个副本都会稍有拉伸，看似一道光弧，而非一个明亮的光点（图3.5）。

早在有人观察到这种同一天体形成多重影像的现象之前，天文学家就迫不及待地想要验证一下爱因斯坦理论中的第一个主要预测，即引力会让光的路径发生扭曲这一简单事实。按照爱因斯坦新理论的预测，光的弯曲

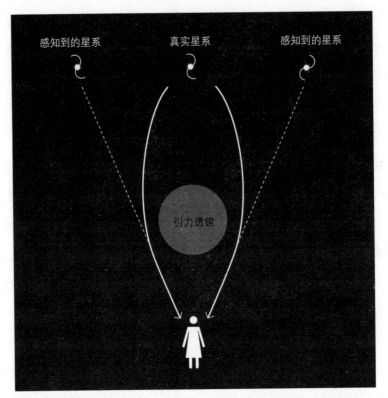

图3.5　来自星系的光由于大质量天体的影响而发生弯曲，该星系就会看似出现在天空中的不止一个位置上

程度应该两倍于牛顿的传统理论所预测的弯曲程度。1913年，爱因斯坦写信给身在加利福尼亚州的乔治·埃勒里·海耳，解释了自己所做的预测，还询问他：来自遥远恒星的光在太阳的引力下发生了弯曲（太阳的作用就相当于大质量天体形成的透镜），要想测量这种光的偏转，需要具备怎样的条件？爱因斯坦强调，这样的弯曲程度微乎其微，还不到拇指宽度占一臂长度的比例的千分之一。爱因斯坦想了解一下，是否必须在发生日全食（届时月球会遮挡住所有的阳光）的前提下才能看到这样的现象？抑或是在日偏食时也同样可以？海耳回答，日全食的发生至关重要；如若不然，阳

光就会完全掩盖距离太阳最近的那些恒星发出的光。

于是爱因斯坦只好等待日全食来临。1914年，德国天文学家埃尔温·芬莱-弗罗因德利希曾经希望前往克里米亚观测日全食，以验证爱因斯坦的预测，却由于第一次世界大战而未能成行。直到1919年，也就是"一战"结束后一年，亚瑟·爱丁顿及其同事才最终观测到了光的这种偏转现象。有两队人马动身前去进行测量，一队去了巴西的索布拉尔，另一队则去了位于非洲西海岸的小岛普林西比。他们通过拍摄到的照片，对比了各恒星平时所在的位置与太阳使其运行路径上的空间发生弯曲时各恒星的新位置，以此测量来自背景恒星的光因太阳而发生弯曲的程度。那些恒星确实发生了轻微的位移，并且在普林西比测量到的位移幅度与爱因斯坦的预测结果是一致的。众人兴高采烈地将这一结果公之于世，这条消息成了英国所有全国性报纸刊载的头版新闻。爱丁顿在返回剑桥大学后发表了一次公开演讲，讲述了这次探险的经过，正是这次演讲激励了塞西莉亚·佩恩-加波施金立志成为天文学家。

直到1936年，爱因斯坦才在一篇期刊文章中指出，光的偏转是引力透镜造成的一个自然结果，它可以让单个物体生成多个影像。早在若干年前，他就意识到了这一点，但此前并没有公开发表过这个想法，因为他认为人们永远也无法观测到这样的现象。他曾经设想过，要观测到这一现象，需要来自一颗遥远恒星的光经过一颗较近的恒星形成的引力透镜，而两颗恒星要以十分恰当的方式来排列，这样的概率确实极低。

弗里茨·兹威基并没有因此气馁。1937年，他指出，整个星系团（而非单颗恒星）可以充当使空间变形的大质量天体透镜，使来自远处的完整星系的光发生弯曲。星系以恰当方式排列的概率比单颗恒星要高得多。1933年，他对后发座星系团进行了观测，发现了暗物质留下的蛛丝马迹，他还可以用另一种方法来测量后发座的质量，看看是否果真存在某些看不见的物质。该星系使光发生弯曲的幅度越大，其质量也就必定越大。这是一项伟大的科学构想，然而，与他的众多想法一样，该构想依旧远远领先于自身所处的时代。20世纪30年代的望远镜还不够先进，不足以观测到星系的引力透镜效应。在这一构想上，兹威基仍然只能等待着技术的发展来追赶他的脚步。

要想找到一个受引力透镜作用的星系，可以通过寻找同一星系的多重影像来实现，这些影像分别位于光绕过透镜时所循的不同方向。直到1979年，科学家们才终于真正将这一想法付诸实践，当时，天文学家丹尼斯·沃尔什、罗伯特·卡斯韦尔和雷·韦曼使用了亚利桑那州基特峰天文台的2米口径望远镜，看到了同一颗类星体的两重影像。类星体是宇宙中最明亮的天体之一，于20世纪50年代首次被世人发现，它们是星系明亮的核心。在这些星系的中心存在大质量的黑洞，并吸收了一个气体盘围绕其运行。当气体盘落向黑洞并发出从无线电波到伽马射线等各种波长的光时，类星体就形成了。类星体比银河系要亮成千上万倍，即便相距遥远（甚至比第一章中提到过的Ia型超新星还要远），在地球上也可以看到它们的身影。来自已知最遥远的类星体的光是在130亿年前发出的。

1979年，天文学家发现了这种引力透镜现象，当时他们观察到天空中有两个相距很近的类星体，它们的外观看起来一模一样，而且每种波段的光量也都完全相同。他们推断，这很可能便是同一天体的两重影像，该天体发出的光在某个邻近星系的周围发生了弯曲。这个天体被称为"双类星体"，离我们极为遥远，大约有90亿光年，而使其光弯曲的那个星系与我们也有40亿光年的距离。它们都位于可观测宇宙中遥不可及的地方。至此，人们终于发现了一个引力透镜，但可惜兹威基却无法亲眼见证了：他早在五年前就已去世了。

　　看到同一天体的两重影像有个很有意思的地方：实际上你看见的可能是同一天体在不同时间的影像，因为这两束光走过了不同的距离，然后才传到我们这里。这很奇怪，就仿佛我们望向房间的另一头，在两个不同的方向看到了同一个人，其中一个比另一个的年纪更大。我们可以再回顾一下蹦床上的弹珠，借此来理解这是怎么回事。假如我们将各弹珠在同一时刻从大球的正后方（也就是那位朋友的正对面）滚出，那么，不同的弹珠无论是从左侧还是右侧绕过球体，都会在同一时间到达朋友的手中。不过，假如我们稍稍向旁边偏移一点，略微靠近大球的某一侧，那么，从较远一侧绕过球体的弹珠所经过的路径就会更长，也更弯曲，即使各弹珠是一起出发的，从较近一侧绕过去的弹珠仍会先行到达那位朋友的手中。当光从太空中穿过时，也会遇到同样的情况（图3.6）。来自上述双类星体其中一个的光比来自另一个的光传到地球的时间要早一年多，因此，其中一重影

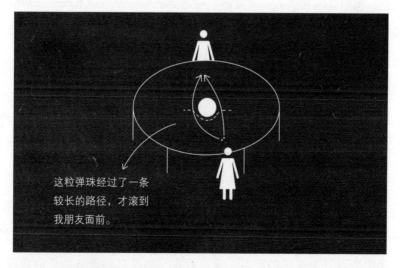

图3.6　在穿过蹦床时，两粒弹珠经过的路径长度可能会有所不同。天体发出的光也会出现与此相似的情况

像相当于年代较晚的照片，另一重影像的年代则较早。

就在不久前，我们刚刚实时见证了一个令人惊叹的范例。2014年，加利福尼亚大学伯克利分校的天文学家帕特里克·凯利借助哈勃空间望远镜来研究一个遥远的星系团。他发现了一颗新的超新星，并将其命名为"雷夫斯达尔"，以纪念挪威天体物理学家舒尔·雷夫斯达尔。它发出的光途经的一个大质量天体对其起到了透镜作用，因此，包含这颗超新星的星系出现了多重影像。凯利及其合作者们计算出了引力透镜的形状和位置，预测在不同的时间，同一颗超新星应该还会再有另外两重影像出现。其中一重影像可能已经出现了，但另一重影像预计将在2015年出现。果然不出所料，另一重影像出现在2015年年末，其位置也恰好符合预期。这是一次美妙的示范，不仅展示了引力对空间的影响，也展示了我们针对科学设想做出预测并随后加以验证的能力。

如今，我们已经认识了大量的宇宙透镜。首次发现引力透镜后，又过了几年，人们再次发现了一个透镜，以及一颗类星体的四重影像。1988年，天文学家首次观测到了爱因斯坦环，这是来自单个星系的一个模糊光圈。现在，我们已经发现了成千上万的引力透镜，长长的光弧环绕着宇宙中巨大的天体，堪称我们拍摄到的最美丽、最震撼人心的宇宙影像之一。

20世纪30年代，兹威基的想法是利用这种透镜效应计算出充当透镜的星系或星系团的质量。现今，天文学家的想法则更为大胆，希望利用引力透镜来揭示宇宙中暗物质的完整范围。这确有实现的可能，因为凡是大质量的天体，即便其自身不发光，也会使光的路径发生弯曲。存在的暗物质越多，光弯曲的程度就越大。我们可以观察一下银河系之外的星系团和超星系团中数百万个遥远的星系，看一看在一路经过的所有物质的影响下，它们的光在传入地球上的望远镜之前发生了怎样的弯曲。大多数背景星系与位于光传播路径上的引力透镜之间的排列方式都不太适当，所以对大多数星系而言，引力透镜所起的效果只是令其形状稍显模糊而已，并未产生出多重影像。利用这种形状的变化，我们可以为暗物质在大部分可观测宇宙中的分布绘制一幅三维地图。我们才刚刚开始借助现有的望远镜展开这项工作，在接下来的10年，欧洲航天局的欧几里得卫星和智利的大型综合巡天望远镜预计会取得惊人的进展。我们会在第五章继续讨论某些未来的项目。

暗物质的成分

既然我们已经知道宇宙中的大部分物质都是不可见的，那么目前的状况便有些怪异了：人们虽然已相当精确地测量出了宇宙中有多少暗物质，但对于暗物质到底是什么却又几乎一无所知。我们仅仅对于暗物质的一个组成部分有所了解，那就是中微子，是我们已知最微小的粒子，单个粒子的质量可能还不到电子的百万分之一，或氢原子的十亿分之一。它们无处不在，数量惊人。每秒钟都有多达数百亿的中微子从你手中穿过，然而我们却看不见它们，因为中微子本来就是不可见的。它们自身不发出任何波长的光，也不与存在于人体内或任何一个地方的原子发生作用，或者至少基本上不会。有许多中微子在宇宙诞生之初就已形成，被称为宇宙中微子。其他中微子则是在更晚的时候才在超新星、太阳和其他恒星中产生的，甚至也产生于地球的大气层中。

我们对中微子的了解是从1930年沃尔夫冈·泡利提出中微子概念开始的。他当时正在研究一种特殊的放射性衰变，在这一过程中，原子核内的中子会变成质子，反之亦然。这个过程又称 β 衰变，还会产生一个电子和一个中微子。泡利只发现了电子，并计算出原子核中缺失了一些能量，于是便构想出了中微子的概念，以此来解释这样的反应。不过，他认为这种粒子根本发现不了，他曾用一箱香槟作为赌注，赌人类永远无法观测到中微子。

泡利起初称这种新粒子为"中子"，但在 1932 年，詹姆斯·查德威克使用了相同的名称来指代现今所知的那种较重的粒子。同年稍晚，意大利物理学家爱德华多·阿马尔迪又提出了"中微子"这一名称，意为"中性微小粒子"。他的合作者恩里科·费米开始在各种会议上使用这个名称，并一直沿用至今。1933 年，费米向《自然》杂志寄去了一篇论文，解释了在 β 衰变过程中是如何产生中微子的，但他的论文未被收录，理由是离现实太过遥远。后来，事实证明他的模型是正确的。到了 20 多年后的 1956 年，美国物理学家克莱德·考恩和弗雷德里克·莱因斯在位于美国南卡罗来纳州的萨凡纳河核电站首次探测到了中微子。他们用电报把这个好消息告知了泡利，他很快便把赌输的那箱香槟寄给了他们。

世人最先探测到的固然是从地球上的核反应堆里产生的中微子，但穿过我们身体的中微子多数都来自太阳。它们源于太阳内核的聚变反应，是当氢燃烧形成氦时产生的副产品。它们向外飞离了太阳的内核，在大约 8 分钟后到达地球，仅比阳光从太阳表面到达地球的时间稍长一点。20 世纪 60 年代，通过在南达科他州的霍姆斯塔克金矿地下深处进行的霍姆斯塔克实验，美国物理学家雷·戴维斯和约翰·巴科尔首次探测到了来自太阳的中微子。巴科尔计算出了太阳理应产生的中微子数量，他们很快便注意到，到达地球的中微子数量似乎仅相当于预估数量的三分之一左右。

这个谜团很快被定名为"太阳中微子问题"。当时，物理学家和天文学家已经发现中微子有三种类型，或者"味道"，即电子中微子、μ中微子和τ中微子。1957年，意大利物理学家布鲁诺·庞蒂科夫提出，假如中微子有质量，它们在飞过太空的途中就可以改变其所属的类型。那么，这个问题的答案就是中微子改变了其"味道"，而我们寻找和观察的一直都是电子中微子，即"中微子振荡"。不过，人们还提出了许多别的想法，科学家花了30多年的时间才证明，这种中微子振荡学说正确地解释了中微子丢失之谜。从1998年到2002年，日本的超级神冈实验和位于安大略一座镍矿内的萨德伯里中微子天文台都进行了深层地下实验，耗费了成千上万吨重水来探测中微子，结果都发现，中微子的味道确实在变化，这一发现为这两项实验的领导者——梶田隆章和阿瑟·麦克唐纳赢得了2015年的诺贝尔物理学奖。最终，他们发现来自太阳的中微子总数与巴科尔几十年前所做的最初预测一致，这是科学预测取得的一次胜利。

即便经过了上述种种复杂的实验，我们仍旧不知中微子有多重。我们所做的最理想的估测显示，宇宙中微子占宇宙中所有暗物质总量的0.5%到2%。20世纪80年代早期，有许多人认为暗物质可能纯粹是由中微子组成的，这个想法是受了苏联物理学家雅可夫·泽尔多维奇的启发。不过很快这个想法就被判定为不可能，因为如此一来，暗物质之网的模样就会截然不同。正是暗物质的引力将宇宙结构聚到一起，形成了一张涵纳着星系和星系团的宇宙之网。而中微子质量极小，以至于可以用接近光速的速度飞过太空，并企图摆脱引力的束缚。这一情况说明，与由速度较慢的暗物质粒子组成的宇宙结构相比，由中微子组成的宇宙结构的汇聚程度会更低。20世纪80年代后期，天文学家对比了前文中"四人组"用移动速度缓慢的"冷"暗物质粒子所做的模拟预测，以及对星系巡天观测中发现的星系的分组情况，得出了以下结论：组成宇宙之网的不可能纯粹是中微子，否则的话，就不可能形成我们观察到的如此数量的星系团和超星系团，而且宇宙之网必定绝大部分是由质量较大、移动较缓的"冷"暗物质粒子组成的。随着各个天文学家团队为越来越多的星系绘制出分布图，所做的模拟也日趋精细，这一结论已经得到了一而再、再而三的证实。

除了中微子，大部分暗物质很可能是由我们在地球上尚未遇到过的成分组成的。曾经有一种流行的观点认为：这种冷暗物质或许主要是由熟悉的天体组成的，比如恒星（只不过它们的体积太小，内核无法发生聚变反应）、行星和黑洞。构成这些物质的成分都是我们已知的东西，但它们几乎不会发光。这样的天体被称为"晕族大质量致密天体"，或简称为"MACHO"。但问题在于，这种天体的尺寸必定很庞大，哪怕是小的也与月球不相上下，大的则相当于太阳的上百倍。若是这样，我们就应能看到它们的引力对恒星造成的影响。倘若MACHO从某颗恒星前方经过，其引力会使星光发生轻微的弯曲，使其更多地朝我们所在的方向聚焦，导致这颗恒星看起来比平常稍亮一些。而天文学家尚未观测到足够多的这类现象来证明这种暗物质理论的正确性。

然后还有另一种可能性，即暗物质可能都是由中微子和一种（或者说一组）全新粒子组成的。这样的粒子必定是不发光的，或者基本上不发光，可以毫不停顿地穿透人体或墙壁。这就意味着它不可能是我们已知的任何一种原子，也不可能是构成已知原子的质子、中子和电子，甚至也不可能是组成质子和中子的更小的夸克粒子。而且，除了某些特例，它的质量还不能像中微子那样过于微小。

我们需要的是某种新的东西。其中可能性最大的一种粒子被称为"弱相互作用大质量粒子"，简称"WIMP"。WIMP是个通用的名称，泛指未知的粒子，有可能比氢原子重几百倍，而且彼此之间很少发生作用，也很少与我们相互作用。与MACHO一样，WIMP一词在物理学和天文学中经常使用，而且这两个名称在语义上的相关性并非出于巧合。首先获得命名的是WIMP，然后在1990年，物理学家金·格里斯特开玩笑地提出了与之相对的MACHO一词，以此强调这些庞大的天体与微小得多的WIMP之间的差异。

直至近日，人们认为最有可能充当难以捉摸的暗物质粒子的WIMP是属于超对称家族的一种粒子。超对称是一种物理学理论，按照这种理论，已知的每一种粒子都有一个更重的伙伴。所有的夸克粒子都有一个超对称伙伴，微小的电子也有一个较重的"超电子"与之对应。这种说法听起来或许有点异想天开，因为我们从未见过这样的超对称伙伴，但这是个简洁的理论。在这些假想的超对称粒子中，最小的一种被称为"超中性子"，它本身的质量相当于氢原子的许多倍。超中性子对物理学家而言尤其具有吸引力，因为它不能再分割为更小的粒子，所以应当也不会再与其他粒子发生相互作用。可分割性就到此为止了。

在这个超对称粒子家族中还存在着其他的可能性，还有可能存在其他的WIMP粒子。直至最近，人们仍然抱着颇高的期望，希望日内瓦附近的欧洲核子研究中心（CERN）的大型强子对撞机中能产生出这些超对称粒子，并真正找到暗物质粒子。虽然CERN的实验成功地发现了另一种神秘莫测之物——希格斯玻色子，但目前还没有发现超对称粒子的迹象。这并不能说明它不存在，却意味着它至少隐藏在检测不到的地方。这让一部分人怀疑其存在的可能性到底有多大。也或许这个概念并不能说明现实情况。

要想寻找构成暗物质的这些弱相互作用粒子，我们并非仅有大型强子对撞机这一种工具，也可以期望探测器能捕捉到这样的粒子。在深埋于地下的一座座古老矿井里，人们正在进行众多实验，企图找到这些粒子的踪迹，其中包括南达科他州的大型地下氙实验。与此同时，我们也在通过观察天空来获取线索，试图找到这些粒子发生相互作用并发出某种光信号的迹象。截至目前，暂时还没有任何发现。

关于暗物质到底是什么，另外还有一些有趣的理论，比如一种被称为"轴子"的微小粒子，或者另外一种较重的中微子，或者只有当我们实际生活在比已知世界更多维的世界中时才会出现的粒子。也有可能我们不应单单寻找某一种粒子，它可能是由一系列的暗物质粒子组成的，也可能是目前还没有任何人想到过的某种存在。

现在，我们的处境有些奇特：我们认为自身生活的这个更广阔的世界大部分都是不可见的，整个太空中遍布着某种新的"存在"，它的总质量相当于已知全部原子的5倍，而且无论是在地球上、太阳系内还是银河系中，它都无处不在，还形成了宇宙的骨架，使星系和星系团都镶嵌于其中。我们掌握了一些表明这种物质存在的证据，当然了，这种证据几乎完全是基于观察暗物质的引力对可见物体的影响而得出的。

在此基础上，天文学家往往会扪心自问：我们是否有可能从一开始就误解了引力发挥作用的原理？暗物质是种幻觉吗？有没有这样一种可能：我们用来了解在有其他物体存在的情况下某物体会如何运动的万有引力定律，其本身还需要进一步完善？这是个显而易见的问题，而以色列物理学家莫德海·米尔格罗姆研究的就是这样的问题。20世纪80年代早期，他提出了一项"修正牛顿引力理论"，又称"MOND"，作为一种替代思路，以此来解释薇拉·鲁宾和肯特·福特所观察到的星系旋转现象。按照他的想法，与牛顿或爱因斯坦的物理定律所陈述的相比，随着与大质量物体的距离增加，引力减小的速度其实要更慢一些。事实上，当初鲁宾本人就认为这个想法比引入一种新粒子更有吸引力。

这种对万有引力定律的修正只有在引力极其微弱的时候才会生效，所以，在地球或太阳系内的物体上是发现不了这种情况的，只有在星系的外围，它才会开始起作用，这样就简洁地解释了有关星系旋转的现象。然而，这个理论存在着一些明显的缺陷，因为还有许多别的观测结果是它解释不了的。

其中一例是美国天文学家道格拉斯·克洛及其合作者在2006年所做的一次惊人观测，这使得暗物质观点的可信度又提高了。他们观察的是子弹星系团，它是由两个巨大的星系团在一次碰撞后形成的。天文学家看到的画面是一个星系团直接穿过了另一个较大的星系团，其速度看似达到了每小时数百万千米。当一个星系团穿过另一个星系团时，会发生什么情况呢？眼下暂且不考虑暗物质，我们可以把星系团看成是由星系和极为炽热的气体组成的。星系本身相对较小，较小星系团中的那些星系会在不发生碰撞的情况下从较大的星系团中穿过；但气体却会与另一个星系团中的气体发生相互作用，从而在速度上落后于星系。通过使用可见光和X射线来拍摄子弹星系团的照片，人们确实看到了这种情况。可见光显示的是星系，X射线显示的是气体。从照片上看，子弹星系团中的气体速度显然落后于星系。

那么暗物质呢？好吧，假设星系团中并没有暗物质，在这种情况下，大部分质量应该都存在于炽热气体所在的位置，因为气体的质量比恒星大得多。而假设星系团中确实有暗物质存在，那么暗物质就应当与星系一起穿过星系团，因为它不与任何物质发生相互作用，也就不会像气体那样减速，如此一来，暗物质加上星系形成的质量就会比气体的质量更大。利用引力透镜，我们可以方便地找出遥远的物体当中质量较大的部分在哪里。天文学家团队观察了这对星系团使其后方遥远星系的光发生了怎样的扭曲，通过这种方式便可以计算出哪个位置包含的质量更大：是气体占据的位置，还是星系占据的位置。结果他们发现，星系占据的空间质量最大。因此，这个空间里肯定还含有星系以外的东西，也就是暗物质。

子弹星系团的发现有力地佐证了暗物质的存在。大多数天文学家和物理学家都认为，在这个问题上，我们并未自欺欺人。暗物质似乎确实是构成这个世界的一部分，但在找到它之前，我们不妨保持开放的心态，继续思索它到底是什么。

空间的本质

到目前为止，我们对于宇宙是如何组合在一起的已经有所了解。我们沿着宇宙的阶梯向上攀登，述及的规模也随之一步步扩大，从太阳系到邻近空间，再到星系、星系群或星系团，然后到宏大的超星系团，最后到可观测宇宙。我们还发现了属于宇宙中这些不同疆域的可见之物和不可见之物，包括行星、恒星、黑洞、产生恒星的气体云、宇宙尘埃、弥散在星系团中的炽热气体，以及目前尚未识别出的暗物质。在这个过程中，我们始终专注于宇宙现在的模样，对宇宙的过往仅仅一笔带过，也简略提及了放眼越遥远的太空，看到的就是越久远的过去。

在本章中，我们会更多地探讨空间的本质。它是否无限大？是否始终存在？这些问题会把我们引向尽可能遥远的时间和空间，带领我们回到最开始，即宇宙诞生之初。

空间在变化

正如第一章所述，直到20世纪20年代，人们才开始意识到，银河系并非整个宇宙的全部。1920年，希伯·柯蒂斯和哈罗·沙普利之间展开了一场世纪大辩论，关于本星系之外是否还有别的存在，尤其是夜空中人们看到的那些光团到底是在银河系之内，还是位于更遥远的地方。埃德温·哈勃观察到了脉动的造父变星，让这场争论尘埃落定。他借鉴了亨丽爱塔·勒维特关于造父变星光度模式的研究成果，由于这些模糊光团中的恒星发出的光太过微弱，因此确定其位置远在银河系之外，还确定了这些所谓的星云其实是位于本星系外的全新星系。

而就在这个时间的短短几年前，阿尔伯特·爱因斯坦才刚提出了广义相对论，这项伟大的理论描述了空间自身有着怎样的表现。正如第二章和第三章中所述，爱因斯坦解释了物质导致空间发生弯曲的方式，就像前一章所述的大球在蹦床上压出凹坑那样。物体的质量越大，使空间发生弯曲的程度就越大；而空间变形得越厉害，对邻近物体路径的影响也就越大。太阳的质量以这种方式决定了地球轨道所在的位置，正如在更为宏大的尺度上，是星系的质量决定了它们在星系团中是以怎样的方式相互吸引的。

爱因斯坦的美妙理论不仅告诉了我们空间里的物体如何发生相互作用，还说明了整个空间是如何运行的。他的理论预言，空间应该处于不断的变化中。假如你想象一下将物质分散到整个宇宙中，物质就不会仅限于在空间里制造出一些小小的涟漪，还应当会让空间开始收缩。所有不同物体产生的引力会逐渐对这些物体产生向内拉拽的力量。这个预言的问题在于，爱因斯坦本人很讨厌这个设想：他坚信宇宙是亘古不变的，现在的宇宙必定和过去是一样的，而且应当恒久如此。当时，"一切都保持着稳定"的想法似乎与人们在天空中观察到的实际情况相符。在哈勃望远镜呈现出银河系以外宇宙的面貌之前，没有任何迹象表明目前正在发生什么重大的变化。

爱因斯坦修改了自己的理论，加入了一个他称之为"宇宙常数"的因素，借此规避了宇宙始终在变化的问题。这是包含在真空中的能量，会使空间发生膨胀，并与空间收缩的相反趋势恰好保持平衡，从而精确地使物体保持静止。这样的修正算不上巧妙，而且绝对不是唯一可以解释宇宙这种表现的方式。

有关空间可能在变化的问题，最早严肃地提出不同见解的人包括俄罗斯物理学家亚历山大·弗里德曼。第一次世界大战爆发前，他在圣彼得堡大学学习物理学，后因加入俄罗斯空军服役而中断了求学之路。战后，弗里德曼仔细研究了爱因斯坦新提出的广义相对论。20世纪20年代初，他发觉，假设从每个角度观察到的每个方向上的事物都一样，那么，有一个简单的解释可以说明整个空间应有的表现。他利用爱因斯坦的方程式提出了一个论点：宇宙实际上可能是在膨胀，而非在收缩，而且宇宙必定正处于变化中。

弗里德曼于1922年和1924年在德国《物理期刊》上发表了自己的研究成果。一开始，爱因斯坦对他1922年的那篇论文大加批评，否定了弗里德曼关于宇宙膨胀的描述，认为这是不可能的。弗里德曼向爱因斯坦去信，解释了一番得出这一结论的推算过程，但爱因斯坦当时正忙于周游世界，过了几个月才最终知悉了这封信。此后，他便承认弗里德曼得出的结果是正确的，宇宙膨胀说在理论上确有可能，但他仍不认为这个想法令人信服，依旧相信宇宙是静止不变的。没过多久，事实就证明弗里德曼是正确的，但他在1925年便不幸感染伤寒而英年早逝，至死也不知道自己对世人的宇宙观做出了何等重要的贡献。

几年后，比利时物理学家乔治·勒梅特运用爱因斯坦的方程式，独立得出了关于空间的类似结论。勒梅特不仅是一名科学家，还是一名牧师——这是他年仅9岁时就已选定的职业。对他而言，这两项追求同等重要，"一战"期间为比利时军队服役之后，他在接受神学培训的同时又学习了物理学和数学。20世纪20年代初，他曾与剑桥大学的亚瑟·爱丁顿和哈佛大学天文台的哈罗·沙普利共事，并于1927年在麻省理工学院获得博士学位。回到比利时以后，勒梅特运用爱因斯坦的理论计算出空间必定要么膨胀，要么收缩。与之前的弗里德曼一样，他也得出了宇宙不可能保持静态的结论。1927年，他在比利时的一份名不见经传的科学期刊《布鲁塞尔科学学会年鉴》上发表了自己的研究成果，但这篇论文是用法语写的，在比利时以外的国家极少有人阅读。同年，他在布鲁塞尔举行的索尔维会议上向爱因斯坦阐述了自己的研究成果，而爱因斯坦对他说："你的数学学得不错，但你的物理学得糟透了。"爱因斯坦坚决不肯相信变化中的宇宙能说明现实情况。

宇宙在膨胀

为了帮助大家理解造成这些争论的思想，以及最终解决这些争论所做的测量，现在我们先思考一下空间的膨胀或收缩实际上意味着什么，又该如何判断空间是在膨胀还是在收缩。对空间做出定义并不容易。举例来说，我们或许可以把空间看作事物之间的空隙。在地球附近，空间包括地球与太阳之间的空隙、太阳与邻近恒星之间的空隙，以及恒星与恒星之间的空隙；从最宏大的尺度上来看，空间就应当是遍布宇宙的星系和星系团之间的空隙。不过，或许最好不要把空间仅仅看作空隙，而是看作一切，即空间中的所有物体及物体之间的间隙。

为了想象出正在膨胀或收缩的空间，在此要借用一个类比，这个类比虽然算不上完美，但可以帮助我们预想一下该如何来看待这样一个空间。不妨想象一只生活在一维宇宙中的蚂蚁，对它而言，整个宇宙就像一根长长的橡皮筋（类似你经常看到的那种）被牵拉成了一条长长的线。蚂蚁只能沿着那根橡皮筋来回行走，它既不能左右移动，也不能上下移动。现在，我们抓住橡皮筋的两端，轻轻地拉动它，就可以让蚂蚁的宇宙膨胀。在我们牵拉的时候，橡皮筋会逐渐伸长，上面的每个部分都被拉长了。即使我们牵拉的是橡皮筋的两端，拉伸也并非局限于橡皮筋的某一个位置，而是整根橡皮筋上的每一处都在拉伸。

　　然后我们再反其道而行之，让蚂蚁的宇宙收缩。我们轻轻地松开受到牵拉的橡皮筋。此时橡皮筋会缩短，上面的每一个位置都随之收缩。并不是橡皮筋的中央有某个物体在将其向内拉拽，向内的拉力是沿着这一整根橡皮筋产生的。这与空间的表现有些类似。空间就像这根橡皮筋一样，膨胀时是每一处都在膨胀，收缩时也是每一处都在收缩。

　　除了我们生活在三维空间这一点，上述模型和我们的实际情况之间还存在着一些明显的差异。比如，在现实中，并不存在相当于抓住橡皮筋两端的情况，甚至也不存在相当于橡皮筋那样有端点的可能。我们并不认为宇宙空间有端点。在橡皮筋对应的一维空间里，有两种方法可以让空间变得无始无终：一是将这根橡皮筋不断拉伸，变成一条无限长的线；二是将橡皮筋的两端连接在一起，形成一个环（图4.1）。这条无限长的线很难想象，但在我们的思维实验中，只需想象蚂蚁站在上面的那截橡皮筋就行，

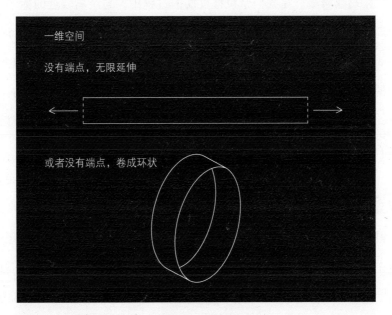

一维空间

没有端点，无限延伸

或者没有端点，卷成环状

图4.1　有两种方式可以让一维空间变得无始无终

随着它的拉伸，我们可以看到它在膨胀。

现在，这只蚂蚁怎么才能弄清它的宇宙是否在膨胀呢？它怎么才能在自身所处的宇宙内看清这一点的呢？蚂蚁需要沿着这根橡皮筋做些标记，以此来识别和测量。那么，假设我们已经沿着橡皮筋一路做好了标记，现在想象我们再次从两端拉拽橡皮筋。与此同时，我们会看到所有的标记彼此远离，假如标记之间最初的间隔是2.5厘米，最后这个间隔可能就会变成5厘米。

这是我们手拿橡皮筋时从上方观察看到的情况。那么，蚂蚁从自身的视角看到的情况又是怎样的呢？我们把蚂蚁放在其中一个标记上，顺着这条线直视前方或后方。当我们牵拉橡皮筋时，蚂蚁会看到所有的标记都在变远，离它最近的标记从2.5厘米外移到了5厘米外，次近的那个标记则从5厘米外移到了10厘米外。从蚂蚁到其余所有标记的距离都增加了一倍。无论顺着橡皮筋向前看还是向后看，蚂蚁看到的情况都是一模一样的。

在蚂蚁看来，在我们牵拉橡皮筋的过程中，与距离较近的标记相比，距离较远的标记其实移动得更快，即在牵拉橡皮筋的这段时间里，那些较远的标记向外移动了更远的距离。标记离蚂蚁越远，移动的幅度越大、速度越快。如果标记移动了两倍的距离，那它也在以两倍的速度移动。当所有的标记看起来都在远离蚂蚁时，它们遵循着一个精确的模式，即相隔越远的标记远离得越快。

无论我们把蚂蚁移动到哪一个标记上，这个模式都是符合实际的。蚂蚁会看到同样的情况。在蚂蚁的感知中，它会认为自己是万物的中心，而宇宙中所有的标记都在离它而去。而实际上，这仅仅是它的观点而已。生活在一个处处都在膨胀的空间里，产生这样的结果是自然而然的。倘若蚂蚁生活的宇宙并未膨胀，那它周围的标记就不会遵循特定的移动模式。一般来说，这些标记根本不会移动。

　　这个橡皮筋思维实验有助于我们想象真实的宇宙膨胀效应。正如橡皮筋上的标记间隔的空间会变大那样，宇宙中各天体间隔的空间也会变大（图4.2）。不过当然了，我们所处的宇宙并非一维空间。假设让蚂蚁生活在一个二维空间里，我们可以想象它处于一块有弹性的橡胶板（上面带有标记）上。如同上文提到的橡皮筋那样，我们想象这张橡胶板正在被拉伸，橡胶板上的每一处都在随之伸展（图4.3）。这样的拉伸没有中心点，当薄

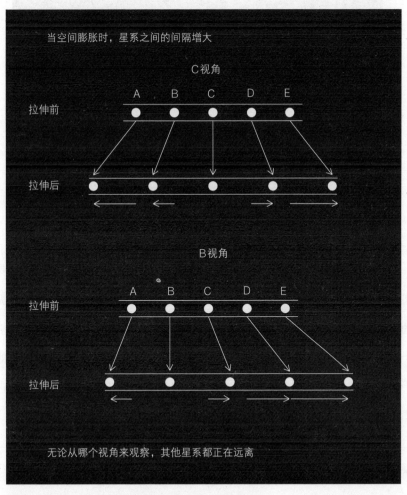

图4.2　从不同的视角观察到的膨胀中的一维空间

板伸展时，所有标记都在彼此远离。假设我们再次想象有只蚂蚁就站在其中一个标记上，这时它就会看到其他那些标记正朝四面八方离它远去。就像在橡皮筋上那样，距离越远的标记远离得越快。无论蚂蚁站在哪一个标记上，看到的情况都是一样的。

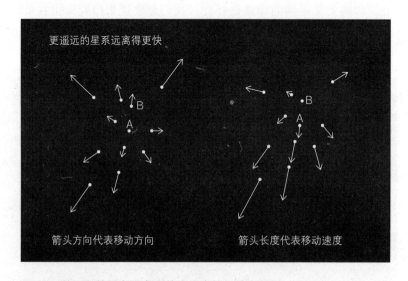

图4.3　从不同的视角观察到的膨胀中的二维空间

现在，再想象一下三维空间正像有弹性的橡皮筋一样膨胀。如果要用实物来进行类比的话，我们或许可以想想拿来做面包的面团，上面撒满了葡萄干。面团中的酵母使面团胀大，朝着各个方向膨胀，它并不是从某一个特定的位置开始膨胀的，从远处看，随着面团的膨胀，上面所有的葡萄干都在远离彼此。从其中某一粒葡萄干的角度来看，当面团胀大时，它周围所有的葡萄干都在远离，而且距离越远，远离的速度就越快。

上述橡皮筋、橡胶板及面团这几个类比，或许可以帮助我们想象一下膨胀中的空间看上去是什么模样，但无论是哪一种情况，一旦考虑到材料的边际或端点，类比就失效了。空间是无边无际的。有两种方法可以消除空间的边际：一是让空间无限延伸，就像橡皮筋越拉越长，或者面团越胀越大；二是让空间像橡皮筋那样卷成环状，不过这是个三维的环。这是个难以想象的概念，本章后文会重新探讨它的含义。

那么，太空中的标记又是什么呢？最接近于上述设想中的标记或葡萄干的东西，就是遍布太空的星系。我们可以从银河系内遥望河外星系，观测它们遵循着怎样的运动模式。正如乔治·勒梅特在1927年的论文中所写的那样，他发现，我们可以寻找一下像上文的类比中面团里葡萄干的那种运动模式，借此来判断宇宙是否正在膨胀。所有的星系应当看起来都在离我们而去，距离越远的星系也应该退行[1]得越快（图4.4）。在一个缓慢膨

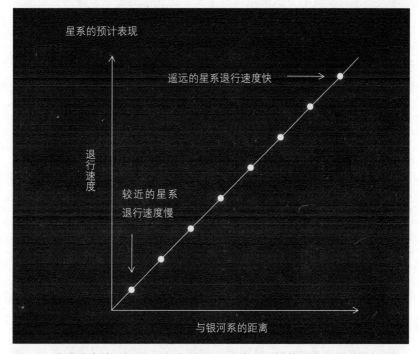

图4.4　在膨胀中的空间里，越遥远的星系远离银河系的速度应当看起来越快

[1]　退行为进行的反向，比如某天体的光谱线传向地球为进行，离开地球而去叫退行。

胀的空间中，星系本身是不会膨胀的，因为使其聚集在一起的引力强于空间的拉伸作用。

　　勒梅特证明了这个膨胀空间模型与对遥远星系的全新测量结果是吻合的。他是怎么证明这一点的呢？找一组遥远的星系，推算一下它们是否都在离我们远去，这听起来似乎相当简单，但从技术层面来讲，要测量星系的距离和移动都有很大的难度。我们不妨从距离入手。当时，估算距离的最佳方法是利用星系的亮度。在埃德温·哈勃发表于1926年的论文《银河系外星云》中，他以当时已经观测到的400个星系为基础，测定了大量星系的距离。哈勃假设这些遥远的星系均具有相同的固有亮度，这样一来，便可通过从地球上测量其亮度的方式来估算其距离。更遥远的星系会显得更暗淡。

　　接下来，要计算出某一个星系远离地球的速度。我们不能简单地先测量一下它在某一时刻与银河系之间的距离，然后稍等片刻再次测量该距离。在这段时间内，星系移动的相对距离过于微小。我们要依靠的是某种测量起来更便捷的东西：星系发出的光的颜色。

　　薇拉·鲁宾通过旋转的星系已经证明，正在远离我们的物体发出的光会显得更红，或者说波长会更长；正朝我们移动的物体发出的光会显得更蓝，或者说波长会更短。同样的道理也适用于整个星系。如果某个星系正在远离我们，那它看起来就会显得更红，即使它只是由于空间的膨胀而看起来是在远离，情况也是如此。如果我们能测出星系发出的光的颜色，那么唯一的难点就在于弄清它在不动的时候发出的光该是什么颜色。一旦知道了这两个颜色（光的波长），我们就能算出星系运动的表观速度。

　　现在，再来回头看一看早期天文学家关于恒星组成问题的发现。我们已知，恒星主要由氢和氦组成，但也带有其他元素的痕迹。不同的元素会发射和吸收特定波长的光。在第二章中曾经提及：如果对一颗恒星的光谱进行测量，由于恒星的大气层吸收了特定波长的光，在相应的地方，我们就会看到若干暗线。对一个到处是恒星的星系来说，情况也是如此。如果对一个星系的光谱进行测量，在特定波长的位置上，也会有暗淡的吸收线和明亮的发射线。星系退行的速度越快，光谱上的这些线向光谱中较红的一端偏移得就越厉害（图4.5）。

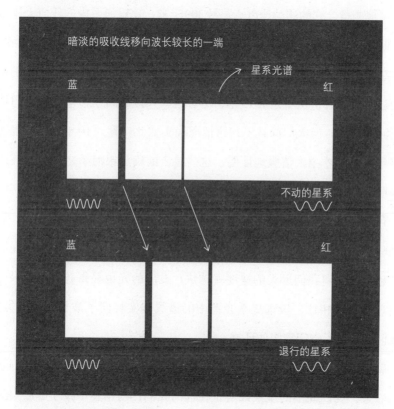

图4.5 如果某个星系正在退行，接收到的来自这个星系的光的波长就会较长，即所谓的红移

这种波长的变化被称为"红移"。即使还不能确切地知道恒星由什么构成，甚至不知道本星系外还有其他星系存在，也可以用光谱来测量这种位移。洛厄尔天文台位于亚利桑那州弗拉格斯塔夫市，天文学家维斯托·斯

里弗供职于此，就是他后来说服了克莱德·汤博去寻找冥王星，他对一连串星系的光谱进行了至关重要的观测，其中包括1912年首次观测到的光谱位移。这次观测是针对与我们相邻的仙女星系，当时世人还不知道仙女星系位于银河系之外。

他发现，仙女星系的光谱移向了蓝色端，说明它正在朝我们的方向移动，据他测量，它的移动速度为每秒300千米，比银河系内的任何天体都要快。斯里弗还测量了天空中分布在我们四面八方的另外14团星云。他发现，这些星云的光谱几乎全都在朝着红色一端偏移，这表明大部分天体正在离我们远去。当时，也就是1915年，尽管这些天体的高速移动表明它们可能在银河系之外，但人们尚且不知道情况确实如此。直到10年以后，也就是1925年，哈勃才令人信服地证明，这些星云的确是银河系之外相距甚远的旋涡星系。

乔治·勒梅特意识到了斯里弗上述发现的重要性。请回想一下，如果星系移动的方式与假想中面团里的葡萄干相同，那么星系离我们所在的固定点越远，它离我们远去的速度就越快，发出的光也显得越红。如果与相距更近的星系相比，较远星系光谱中的谱线确实移向了波长较长的方向，那我们就发现了空间膨胀的证据。

勒梅特对这种模式进行了测量，发现越遥远的星系看起来移动得越快。大致看来，我们周围的星系确实正在远离我们，与预料中位于膨胀空间里的星系应有的表现相符。至于仙女星系在朝银河系移动这种局部运动，则可以用本星系群内部引力的作用来解释。勒梅特运用了斯里弗观测红移的结果和哈勃测定的距离来估算宇宙的膨胀率，发现该膨胀率仅为每秒600千米/百万秒差距。上述单位的含义可以这样来理解：假如两个星系相距1百万秒差距，也就是100万秒差距或300多万光年，那么空间的膨胀就会导致它们以每秒600千米的速度彼此远离。距离两倍于此的星系则会以两倍于此的速度互相远离。

于是，勒梅特在1927年证明了空间可能正在膨胀，但他在比利时的期刊上发表的这项研究成果却几乎无人留意。与此同时，埃德温·哈勃启动了一项计划，准备更精确地测量斯里弗研究过的这些星系的距离，与他合作的是供职于加利福尼亚州威尔逊山天文台的天才助手：米尔顿·赫马森。通过测量造父变星，并利用勒维特定律将其脉动频率与固有亮度相关联，哈勃和赫马森测出了斯里弗研究过的24个星系与地球的距离，而不再依赖于这些星系的固有亮度全都相同的假设。虽然仍旧难以做出精准的测量，但这一模式至此已然明确无误了：大多数星系确实正在远离我们，而且距离越遥远，退行的速度也越快。

1929年，哈勃在《银河系外星云之间的距离和径向速度的关系》一文中公布了他的发现。他得出的结论是，各个星系正在以每秒500千米/百万秒差距的速度退行。相比于现今更精确的测量结果，这个速度快了大约7倍，但趋势是正确的。该趋势就是后来众所周知的哈勃定律。勒梅特虽然也发现了同样的趋势，却始终没有获得"勒梅特定律"的殊荣。最终，哈勃得出了更理想的数据，更关键的是，他成功地将这一信息传播给了更广泛的群体。1931年，在亚瑟·爱丁顿的帮助下，勒梅特终于将1927年的那篇论文翻译成英文，并发表在《皇家天文学会月报》上，但省略了他对空间膨胀这一判断的概述部分，或许是因为那一部分已经过时了。在这件事上，他可以算是功败垂成。

哈勃本人也不确定对于观测到的星系的这种表现该作何解释。但他的研究很快便产生了影响：1930年，爱因斯坦被亚瑟·爱丁顿说服，相信哈勃的研究成果具有重要意义，次年还来到加利福尼亚拜访了哈勃。哈勃的研究成果相当令人信服，以至于爱因斯坦彻底改变了对空间表现的看法，在1931年的一次演讲中，爱因斯坦宣称："遥远星云的红移就像一记铁锤，把我的旧架构砸了个稀烂。"他终于清晰地认识到，我们周围这个辽阔的宇宙正在膨胀。没过多久，他宣布为了使宇宙静止而引入的宇宙常数是他最大的错误。爱因斯坦从他的方程式中受到启发，调整了思路去应对宇宙确实处于变化中的事实。

大爆炸与宇宙年龄

这一发现表明，我们生活在一个不断膨胀的空间里，这个空间既没有中心，也没有边际。空间里的每一处都在膨胀，空间里的物体都在逐渐远离彼此，只有星系和星系团内部除外，那里的引力胜过了相对温和的膨胀。现在，如果我们想象着让时光倒流，就会看到空间在收缩，所有的星系都在朝着彼此的方向移动。假如我们让时间倒流到足够久远的过去，那么最终每个星系都会紧挨在一起，再往回追溯，它们就会彼此重叠，占据着相同的空间。在这种情况下，上文中的类比就讲不通了，因为在地球上的正常条件下，橡皮筋至多只能收缩到某个程度；而在太空中，物体之间的间隙可以近乎无限地缩小。

所有星系都处于同一个地方，这意味着什么呢？这就与我们所说的大爆炸时刻相吻合了，也就是宇宙开始膨胀的第一个瞬间——时间零点，或是与零点极度接近的那一刻。我们在下一章会更详尽地探讨这个概念。目前需要明白的是，在最初的时刻，星系其实暂且还不存在；当时存在的是密度极大的基本粒子，即构成原子的质子和中子、暗物质粒子、微小的中微子等，以及光。

如果我们能把时间一路回溯到零点，宇宙的密度就会变得无限大，我们的物理定律就会瓦解失效。所以，我们一般不这么做，而是从膨胀开始之后短暂的一瞬间开始了解宇宙的表现，这也就是我们通常所说的大爆炸时期。在这一刻，宇宙被压缩到极致，但有朝着各个方向无限延伸的可能。关于无穷大的某些问题令人感到困惑，这便是其中之一。即使你将一个无限长的物体压缩，使其中的各个组成部分靠得更近，它仍然是无限长的。

现在，我们不妨从那个密度极大的点开始，将时间向后推移。空间开始膨胀，宇宙中的万物开始彼此远离。这就是所谓的大爆炸，不过其实这更像是蕴蓄着能量的膨胀的开端，而不像爆炸。一说起大爆炸，人们很容易会想象成在一个空旷空间的中央发生的威力无比的爆炸，或者想象万物突然从某个中心点向外飞去、穿过太空。这样的想法大有问题。其实大爆炸既没有中心点，也没有什么东西会向外飞去、穿过太空，而是空间本身在膨胀。的确，空间在开始膨胀时，确实像发生爆炸一样突然；但或许更恰当的方式是把空间想象成一根压紧的弹簧，而不是炸弹。松开弹簧时，它就会突然膨胀。

勒梅特是首位提出大爆炸这个观点的科学家。他认为，既然我们生活在一个不断膨胀的宇宙中，那么大爆炸（空间膨胀的开端）就是显而易见的推论。在上文提及的那篇发表于1927年的法语论文中，他提出了这样的看法。勒梅特把膨胀开始之前的那个存在称为"原始原子"或"宇宙蛋"。1929年，哈勃公布了关于星系膨胀模式的发现，他的观点立即得到了支持。"大爆炸"这个词当时还没有出现，要到20世纪40年代才由一名大爆炸理论的反对者提出。想出这个词的人是剑桥大学的天文学家弗雷德·霍伊尔，他的本意是嘲弄这种设想，当时，他和赫尔曼·邦迪及托马斯·戈尔德一起提出了另一种观点，以此来解释哈勃的观测结果。他们的观点被称为稳恒态理论，即新物质在不断形成，所以空间可以一直膨胀下去，并没有什么开端。在后来的许多年里，这两种想法都各自发挥着作用。

大爆炸理论的支持者意识到，假如我们知道了空间膨胀的速度，就能计算出膨胀开始的时间，从而也就可以得知宇宙的年龄。这样的计算过程就像学校里的一道标准数学题，不过这道题的尺度十分宏大：假设有人以每小时96千米的速度驾车回家，他与家的距离是96千米，如果一直保持着相同的车速，那么他们就必定是在到家的一小时前出发的（图4.6）。驾驶

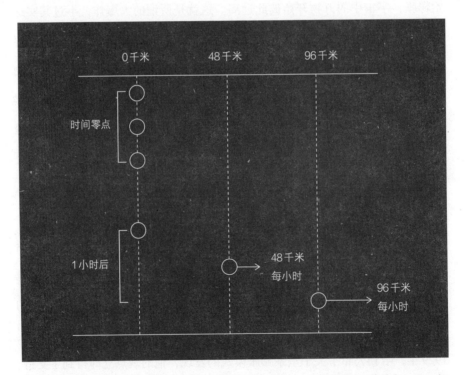

图4.6　假如一辆车的行驶速度始终为每小时48千米，已经行驶了48千米；另一辆车的行驶速度始终为每小时96千米，已经行驶了96千米，那么这两辆车必定都是在1小时前出发的。要推算出宇宙的年龄，我们采用的计算方法与此相似，不过移动的不是汽车，而是星系

的速度越慢，他们出发的时间就越早。同样的模式也适用于空间的膨胀。空间膨胀的速度（可以通过各星系退行的速度来测算）越慢，膨胀开始的时间就越早。

举例来说，假如某一个星系距离银河系1000万光年，并且似乎正以每年480亿千米的速度退行，那我们就可以推算出，它应该是在大约20亿年前"离开"银河系的。这是因为，只要速度保持不变，移动到某处耗费的时间等于移动距离除以运动速度。我们再转换一下光年这个计量单位，该星系到银河系的距离就应为9460亿亿千米。因此，以每年480亿千米的速度走完9460亿亿千米的距离需要大约20亿年时间。在均匀膨胀的空间里，对于距离更远的星系，这个时间是相同的。距银河系2倍远的星系会以2倍的速度远离银河系。同样，距离我们10倍远的星系也会以10倍的速度移动。对于它们出发的时间，我们得出的答案是相同的：20亿年。

但这个数字有何重要意义呢？它代表的是自空间开始膨胀以来所经过的时间。既然我们认为宇宙是从大爆炸开始的，那么这恰恰就是对宇宙本身年龄的估测。那么，宇宙的年龄就是20亿年吗？不是。实际上，我们认为宇宙的年龄比这个数字要大好几倍，有将近140亿年。但在1929年，在埃德温·哈勃和米尔顿·赫马森所做的测量中，得出的结果却与上文中作为示例所用的数字相同。他们的测量结果表明，假设空间在整个过程中的膨胀速度始终保持不变的话，那么空间就是在20亿年前开始膨胀的。这样的结果在当时引发了一些问题，因为地质学家能够利用岩石的放射性定年法来估测地球的年龄。20世纪30年代之前，英国地质学家亚瑟·霍姆斯已经证明，地球上某些岩石的年龄超过了30亿年。地球怎么可能会比宇宙更古老呢？这不合情理。

在第五章里我们会再次提到，必须对这样的估测加以改进，才能解释空间在其生命周期中没有一直保持恒定的膨胀速度这一现象。但这并非唯一的问题。后来人们发现，哈勃低估了星系之间的距离，也就是说，他对空间的膨胀率（现今所说的哈勃常数）估值过高，所以得出的宇宙年龄过小。在1929年后的若干年里，天文学家又对我们周围更大一组星系的距离和表观速度进行了更精确的测量。"二战"时期，趁着洛杉矶地区在灯火管制期间的光污染有所减轻，沃尔特·巴德利用威尔逊山的2.5米口径胡克望远镜，对仙女星系的各颗恒星进行了研究。1952年，他宣布，实际上有两类截然不同的造父变星。鉴于存在这些不同的族群，宇宙的膨胀率应减半，估算年龄应增加一倍。

　　测定哈勃常数的工作一直持续至今，还曾有过一段多姿多彩的历史，有两位知名的对手曾为此争论不休：20世纪后半叶，天文学家艾伦·桑德奇和杰拉德·德沃古勒多年来对哈勃常数的大小一直存在分歧。桑德奇是卡内基天文台的一名天文学家，在研究生期间曾担任哈勃的助手，既在威尔逊山工作过，也操作过1949年在加利福尼亚州帕洛玛山投入使用的5米口径海耳望远镜。1953年，哈勃去世后，桑德奇接管了哈勃的项目，并用海耳望远镜观测了脉动的造父变星。据他估计，这些恒星的距离比巴德估测的还要遥远。到20世纪70年代，他确信，根据收集到的数据，将膨胀率定在仅有每秒50千米/百万秒差距为宜，这个结果仅为哈勃最初估算值的十分之一。也就是说，假如宇宙是以这个膨胀率恒定膨胀的话，那它已经有长达200亿年的历史了。

　　任职于得克萨斯大学奥斯汀分校的法国天文学家杰拉德·德沃古勒对这一估计进行了抨击，声称桑德奇对遥远星系距离的测量是错误的。他估算出的膨胀率是桑德奇这个数字的两倍，即宇宙的年龄仅有大约100亿年。在20世纪70年代和80年代各种大大小小的科学会议上，两人之间的争论进行得如火如荼，以至于被人称为"哈勃之争"。

温迪·弗里德曼和她的研究团队解决了这个棘手的争论。弗里德曼是一位加拿大裔美国天文学家，曾在卡内基天文台任职，之后成为天文台台长。她与当时在亚利桑那州斯图尔德天文台工作的天文学家罗伯特·肯尼克特、在加州理工学院工作的杰里米·莫德共同领导了哈勃空间望远镜关键项目。他们的团队运用这台性能卓越的太空望远镜，对800颗遥远的造父变星的距离进行了更精准的测量，这些恒星所在的星系与地球的距离远至20百万秒差距。后来，借助所在星系远在400百万秒差距之外的Ia型超新星，他们测量的范围又进一步扩大到了更加遥远的星系。这个距离超过10亿光年，远远超出了本超星系团的范围。从这些极为遥远的星系发出的光到达地球时的波长比出发时的波长增加了10%。

2001年，关键项目小组公布了取得的发现，更加精准地确认了离银河系越远的星系退行的速度就越快，证实了有关空间膨胀的预测。他们得出的结论是：哈勃常数为约每秒70千米/百万秒差距。这一新的测量结果只有10%的不确定范围，恰好夹在桑德奇和德沃古勒多年争论不休的两个数字之间。这一新结果说明了空间膨胀在其生命周期中并非恒定不变的事实，使天文学家得以确定宇宙的年龄将近140亿年，此次成功的发现为弗里德曼、肯尼克特和莫德三人赢得了2009年度格鲁伯宇宙学奖。在第五章中我们会发现，对宇宙的其他测量方法会将大爆炸以来经过的时间长度测定得更加精确。

稳恒态理论与宇宙微波背景辐射

在20世纪的大部分时间里，科学家们争论的问题并非大爆炸是何时发生的，而是大爆炸是否确实发生过。人们就此产生了巨大的分歧。20世纪30年代中期，就在哈勃将其发现公之于众的短短几年后，有许多人已经认同了这一观点，但以剑桥大学的弗雷德·霍伊尔为首的其他人却认为稳恒态理论更有说服力。20世纪40年代，在物理学家乔治·伽莫夫、拉尔夫·阿尔弗尔和罗伯特·赫尔曼的推动下，研究有了进展。当时，他们几人一起在约翰·霍普金斯大学的应用物理实验室工作。伽莫夫是阿尔弗尔的博士生导师，后来又成为薇拉·鲁宾的导师。这个研究小组得出结论，假设大爆炸确实曾经发生过，那么应该还有在最早期形成的光残留下来，现在应当还能看到其中的一部分。1948年，阿尔弗尔和赫尔曼计算出它的温度应该极低，仅仅比绝对零度高几度。绝对零度是物质所能达到的最低温度，为零下273.15摄氏度。

　　为什么如今周围还会有大爆炸时残留下来的光呢？假如能让时间倒流，我们会看到宇宙中所有的星系彼此距离越来越近，直到最终回到遥远的过去，那时候还根本没有星系。我们认为，在宇宙的最初阶段，只有在大爆炸后最早的若干瞬间产生的密集的基本粒子和原始光。在第五章中，我们会了解到这些粒子是如何最终变成恒星和星系的。伽莫夫、阿尔弗尔和赫尔曼得出的结论是，在大爆炸之后约40万年时，应当存在某个特定的时期，这些光突然开始从整个空间内的各处向四面八方喷射而出。

　　为什么偏偏是在这一时期呢？我们可以想象一下，宇宙在形成之初温度极高、密度极大，粒子都紧密地聚集在一起。随着空间的膨胀，其中的万物有更大的空间可以分散开来，环境温度就会越来越低。40万年这个特殊的时间，标志着太空中的一切从几万亿摄氏度的高温降到几千摄氏度的时期。在此之前，极端的高温会使原子分裂为基本的组成部分——原子核和电子。光面对的是电子的海洋，每遇到其中一个就会改变方向，所以在宇宙形成的早期，空间中充满了光，它们在空间里以随机的方式来回穿梭（图4.7）。等宇宙冷却到一定的温度，原子核可以俘获电子并形成完整的原子时，这种情况很快就改变了。中性的原子不会让光偏离其原本的路径，所以突然间，所有这些光都可以在空间中沿直线行进了。

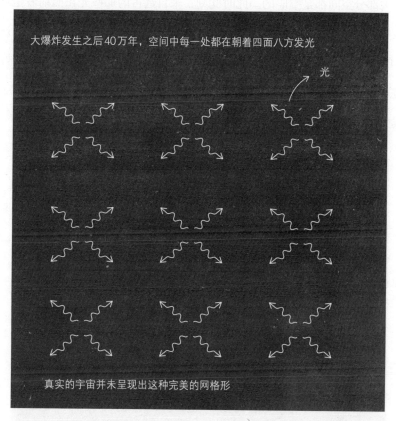

图4.7 整个宇宙到处都在发出原始光，就像一组忽明忽暗的闪烁灯泡

要想象出类似的效果，我们不妨假想一下太空中遍布灯泡，然后在短暂的瞬间忽然点亮所有灯泡。这时每个灯泡都会发出光，并朝着各个方向射出。在真实的宇宙中，造成这种传播现象的是原本遍布于整个宇宙中的光。然后，忽然间，这些光就可以自由地沿直线在空间中行进了。

假如我们想象光从空间中一个特定的点向外发射，那它很快就会穿过距离最近的那部分空间，继续向前行进。光束可以在太空中无休无止地旅行，因此，即使它是在大爆炸几十万年后才发出的，在将近140亿年后的今天，只要没有碰巧撞上太空中的某个物体，它就仍会令人惊叹地继续前行。请记住，大部分空间都是空旷的。此时此刻，来自远古的那些光正照射着地球上的人类，由于出发时相隔的距离使然，它们恰好直至今日才到达我们这里（图4.8）。自宇宙诞生几十万年以来，在将近140亿年的时间里，光恰好能走过这样一段距离。这些光是从哪个方向传来的呢？它们来自四面八方，来自我们周围，来自空间中以地球为中心的那个球体表面的各个地方。

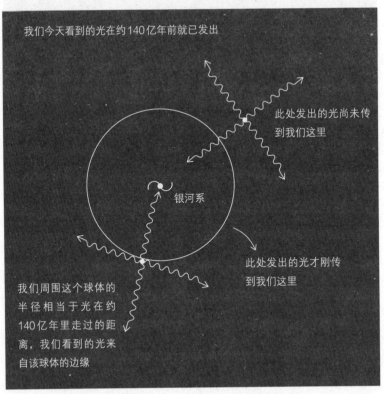

图4.8　图解我们如何接收到约140亿年前发出的原始光

　　从相同位置发出的光也可能朝其他方向发射，永远也不会到达我们这里。从更遥远的地方发出的光目前还没有传到这里，但在未来的岁月里终有一天会到达；而从离地球更近的地方发出的光则早已到达过地球。我们的地球所处的位置并没有什么特别之处：在某个不同的星系中的某颗行星上，某种有感知能力的生物也会被不同的光所照耀。

　　当环境温度降低到几千摄氏度时，光就踏上了旅程，那时它的波长应当还很短，仅有千分之一毫米左右，还在可见光的范围内。空间在膨胀过程中逐渐冷却，光的温度也随之降低。随着空间的膨胀，光的波长会变长，时至今日，这种光的波长一般会达到几毫米，正好处于微波辐射的范围内。

　　这是早在1948年就曾有人预测过的原始光。由于宇宙起源于一场炽热的大爆炸，我们应当不仅会看到各个星系在离我们远去，还会沐浴在从各个方向照射到地球上的低温微波中。倘若身处稳恒态宇宙中，我们固然也会看到星系以同样的方式运动，但应当不会处于这种辐射中。这是上述两种流行设想之间明确的区别，然而，就像针对暗物质的早期研究一样，阿尔弗尔和赫尔曼的这项杰出研究被搁置了十几年。当时的射电望远镜和微波望远镜技术还不够先进，无法观测到这种光。

　　20世纪60年代早期，苏联物理学家雅可夫·泽尔多维奇开始重新研究伽莫夫、阿尔弗尔和赫尔曼对大爆炸余光的预言。1964年，他的同事安德烈·多罗什科维奇和伊戈尔·诺维科夫撰写了一篇论文，提出这样的辐射是可以观测到的。美国普林斯顿大学的物理学家罗伯特·迪克独立提出了有关现存辐射的想法，并鼓励自己当时的博士后研究员吉姆·皮布尔斯在1964年对理论细节进行研究。皮布尔斯此后做出的预测与伽莫夫、阿尔弗尔和赫尔曼的预测结果相似，只是后来才知道这几人早已做过研究了。到20世纪60年代，技术的发展已经追赶上了理论的步伐。迪克之前发明了一种新的辐射计，这种设备可以用来测量无线电波的强度，属于麻省理工学院辐射实验室开展的有关战争研究的一部分。按照他的设计，这种辐射计会在来自天空的真实光信号和已知的人造参考信号之间来回切换，挑选出微弱的信号：在两种情况下都会出现来自设备内部的仪器噪声，所以，两种信号之间如有任何差异，应该就都来自天空。迪克鼓励自己手下的博士后研究员大卫·威尔金森和彼得·罗尔用这种辐射计制作探测器，希望借此找到能证明曾经发生过大爆炸的余光。

与此同时，物理学家阿诺·彭齐亚斯和罗伯特·威尔逊正在位于新泽西州的贝尔实验室工作，此地与普林斯顿大学相隔不远。他们使用了一台巨大的喇叭天线作为射电望远镜，以此来对银河系进行测量。这是一个铝制的喇叭形采集装置，有点像小号，但尺寸要大得多：这台天线上有个直径为6米的方形开口，可以引导来自天空的无线电波进入其中并加以探测。无论天线朝着哪个方向，他们都能听到一种微弱的嗡嗡声，而这个微弱的信号似乎找不到信号源。他们想尽了各种办法来消除这种信号，包括清理掉堆积在天线里的鸽粪——这个故事广为人知，他们认为这些粪便有可能是嗡嗡声的来源。他们甚至不惜开枪打鸽子，但即便这般费尽周折，那个信号依旧存在。

最后，阿诺·彭齐亚斯偶然间跟射电天文学家伯尼·伯克说起此事，而在一次研讨会上，伯克曾经听吉姆·皮布尔斯讲过预计会有背景辐射存在，以及普林斯顿大学的人正在寻找背景辐射一事。对于接收到的这种信号，背景辐射似乎是个合理的解释，于是他们便给普林斯顿大学研究小组的组长迪克打了个电话。在讨论过他们的观测结果之后，迪克把这个消息告诉了在他手下工作的皮布尔斯、威尔金森和罗尔，并且说了一句很有名的话："得了，伙计们，咱们被人给抢先了。"他们确实落后了，但最终这两个研究小组在1965年共同发表了论文：彭齐亚斯和威尔逊公布了他们发现的大爆炸辐射，而迪克、皮布尔斯、威尔金森和罗尔则对这一发现做了详尽的理论阐释。不久之后，迪克的研究小组在普林斯顿大学地质学系的屋顶上探测到了大爆炸的余光。这种余光后来被称为"宇宙微波背景辐射"，最初缩写为CMBR，后来又称CMB辐射或CMB光。这一发现为彭齐亚斯和威尔逊赢得了1978年的诺贝尔物理学奖。

由于发现了这种远古余光，因此几乎所有人都将稳恒态理论束之高阁。到20世纪60年代末，人们普遍认为我们的宇宙必定始于一场大爆炸。某些人仍然对此持反对意见，弗雷德·霍伊尔就在其中，但他们属于少数派。要解释这种余光的存在，最清晰明了的方式就是假设宇宙在诞生之初，其温度和密度高得令人难以置信，几乎是以无法想象的方式被紧紧地挤压在一起。

暴胀理论

考虑到宇宙大爆炸这个概念，我们不禁要提出一些显而易见的问题，问一问将时间逆转到零点时究竟发生了什么：空间真的被无限压缩了吗？宇宙大爆炸之前发生过什么？空间为什么会开始膨胀呢？这些都是关于宇宙的最基本问题，目前还没有找到答案。在试图回溯到宇宙诞生之初时，我们熟知的物理学体系完全崩塌了。我们可以回溯到距离零点仅有短短一瞬的时刻，却不可能达到零点，或者至少目前还不能。

爱因斯坦本人已经意识到，空间中物质的存在趋向于令空间的膨胀减缓，而非使其加快。所以要想解释空间为什么会开始膨胀，我们还需要某些新的设想。现今最流行的观点是所谓的宇宙暴胀理论，这是美国物理学家阿兰·古斯在1980年提出的。他的想法把我们带回到宇宙开始膨胀的万亿分之一秒内，即宇宙诞生后的最初那一瞬间。假如真能回到那一刻的话，根本找不到任何被我们视为空间组成部分的熟悉之物，包括原子或光。根据宇宙暴胀模型，我们会发现空间中弥漫着一些更为奇怪的东西，古斯称之为"暴胀场"。古斯所谓的"场"指的是一种弥散在空间中的能量。

按照古斯的想法，这个场最开始应当储存了一些能量，有点像一根被压紧的弹簧。就像弹簧被释放时会弹开一样，充斥着这种暴胀场的空间也会弹开。它会以极快的速度伸展开来，每一处都在膨胀。两点之间的距离原本仅相当于一个原子的宽度，在瞬间内，这个距离会扩大到100万光年以上。这种膨胀应当是指数级的，也就是说时间每流逝一瞬，空间就会扩大一倍。空间中点与点之间的距离扩大的速度会比光速还要快。

倘若果真如此，那么在不到万亿分之一秒的时间后，储存的能量获得了释放，最初的极端式膨胀也就结束了。随着宇宙冷却下来，在一个我们尚未完全了解的过程中，这个暴胀场就会转变成熟悉的成分——原子、原始光，很可能还包括暗物质粒子。空间仍会急剧膨胀，但由于所有物质的引力起到了刹车的作用，空间的膨胀会开始减速。

古斯提出暴胀理论是为了解释一些奇怪的宇宙现象。20世纪70年代，宇宙微波背景辐射的一种奇异特征变得明显起来。尽管辐射是从宇宙中各个截然不同的部分出发的，经过了数十亿年的时间才传到了我们这里，但无论往哪个方向看，辐射的温度几乎都完全相同。这就表明，那些不同的原点虽然相隔极为遥远，但其温度完全相同。只有当那些点在过去的某一时刻互有接触时，才有可能出现这样的情况，就像只有在冰融化成水的那一刻，冰和水的温度才会相同。古斯的暴胀理论说明，我们现今所能看到的空间中的每一部分（整个可观测宇宙）曾经被紧紧地挤压在一起，互有接触。

目前我们还不知道这种暴胀理论是否正确。它虽然与已经观测到的种种现象相符（具体内容会在第五章进行讨论），但仍然难以捉摸，到目前为止还无法确定。暴胀如果确实发生过，就应该会在太空中留下自身微弱而独特的印记。暴胀行为应当使时空产生涟漪，形成在空间中传播的引力波，类似于2015年LIGO实验成功探测到的黑洞发生碰撞时产生的时空波动。在一般情况下，暴胀场的能量越大，形成的波动也会越大，会在宇宙微波背景辐射中留下特定的图案。假如引力波穿过空间的时候，宇宙的年龄为40万年，那么当宇宙微波背景辐射发出时，它就会扭曲空间，使其向一个方向拉伸，向另一个方向压缩。这样一来就会使光产生轻微的偏振效应，诱使其优先在某一个方向上振动。在智利北部沙漠中的山顶上，以及南极严寒而荒凉的高地中，天文学家正将微波望远镜对准天空，搜寻着这些信号。

如果能发现这样的信号，那将是一次非凡的壮举，我们对宇宙最初起源的了解会更加接近认知的极限。当然了，接下来我们又会感到好奇，为什么会有暴胀场？其中为何蕴含着那样巨大的能量？这个理论也很有可能是错误的，或许根本找不到这种涟漪的半点迹象。有一些知名的物理学家（包括普林斯顿大学的保罗·斯泰恩哈特和加拿大圆周理论物理研究所的尼尔·图罗克）认为，宇宙暴胀理论存在着根本的缺陷，如果以恰当的方式将量子力学考虑进去的话，暴胀并不会自然而然地产生与现今相似的宇宙。他们认为，我们需要从头开始，更加认真地思考一下，在宇宙生命周期的最初时刻，还有哪些可能的情况。他们和其他一些人（包括哥伦比亚大学物理学家安娜·伊尧什）正在构想不同于暴胀理论的替代性理论，例如"大反弹"模型，在这个模型中，大爆炸并非宇宙的开始，而是空间的膨胀和收缩史上的一瞬间而已，这段膨胀和收缩史历时更长，还有可能是个循环往复的过程。

宇宙是否无限大？

到目前为止，我们主要关注的都是空间是否始终存在的问题，但也可以考虑一下如何回答空间是否无限大这个问题。无论在哪个方向上，我们所处的这个空间每一处看起来基本都一样，对这样的空间而言，上述问题的答案就取决于两个起决定作用的特征，即空间的几何特征和拓扑特征。

根据空间的几何形状，可以判断其弯曲程度。对于二维空间中具有不同几何形状的表面，我们是熟悉的。纸的表面是平直的，橘子或地球的表面是弯曲的。根据某个表面的弯曲程度，就可以判断它的几何形状，在不发生变形的情况下，物体的几何形状是无法改变的。在不破坏纸张的前提下，无论以哪种方式把纸粘接起来，都无法将一张平直的纸变成球面。反之亦然：要把球形橘子的表皮变成平直的表面，就只能把橘子剥开。这两种表面的几何形状是不同的。

有个判断两个表面是否拥有相同几何形状的简单方法，就是在上面画个三角形。大多数人在学校里都学过，三角形的每个角之和总是等于180度，或者相当于两个直角。但这一法则仅仅适用于画在平面上的三角形。假如在橘子上画个三角形，你就会发现，每个角加在一起的度数比画在平面上的三角形各角之和要大。举个极端的例子，假设这个三角形的一角落在橘子顶上的"北极"，第一条边向下落到"赤道"，第二条边绕"赤道"四分之一圈，然后第三条边又连到"北极"。在这个三角形中，三个角全是直角，加起来共有270度。

你也可以在这些不同的表面上画直线，并计算它们弯曲的程度。在平面上，两条一开始保持平行的直线会一直保持平行；而在像橘子一样弯曲的表面上，同样的两条直线在某一时刻会相交。在二维空间中，另一种可以想象得出的曲面是马鞍或薯片的表面。这种表面也是弯曲的，但与球面不同的是，它是分别朝着两个不同方向弯曲的，上面部分是前后弯曲，下面部分是左右弯曲。如果你在薯片上画个三角形，每个角加起来的度数就会比平面上普通三角形的各角之和要小。如果在薯片表面画上两条一开始平行的线，它们就会偏离得越来越远。

以上描述充分说明了二维表面的几何形状，但同样适用于三维宇宙的弯曲程度。空间可以是平直的，可以是正向弯曲的，也可以是负向弯曲的（图4.9）。这几类情况想象起来较为困难，因为要想象出球体的二维表面，我们想到的是处于三维空间中的整个球体；而要想象出一个与之等效的三维弯曲空间，我们就需要从四维的角度来思考。可惜的是，人类没有能力

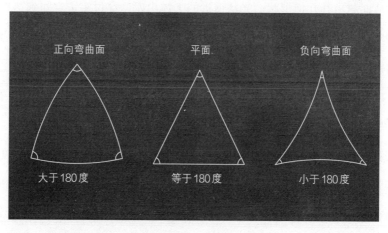

图4.9　在空间的不同几何形状表面上画出的三角形

将四维空间形象化，但我们仍然可以想象一下在三维空间中进行测量的情况。就像在二维空间中那样，如果宇宙空间的几何形状是平直的，那么像光这样的平行线就会永远保持平行；如果空间是弯曲的，假设在正向弯曲的宇宙中，光就会相互接近，假设在负向弯曲的宇宙中，光就会彼此远离。

在一个没有边际的空间里，正向弯曲的宇宙不会是无限大的，正如球体的表面不会无限大一样。就像在地球表面上，你在正向弯曲的宇宙中可以朝着一个方向穿过空间，如果经过的时间够久，最终又会绕过另一边再回到出发点。如果你出发时朝另一个方向走，也还是会绕回来。不过，与在地球表面不同的是，你在正向弯曲的宇宙空间里可以朝任何一个三维的方向出发，最终仍会返回出发点。

决定宇宙几何形状的是什么呢？这取决于宇宙中物质的量。空间的平均质量越大，它变形得就越厉害，正如第三章里提到过的那个例子，在橡胶板上分别放上同样大小的铅球和泡沫球，放铅球时变形的程度会比放泡沫球时要大。通过追踪光穿过空间的路径，我们可以测量出空间的变形程度，从而测出其几何形状。光从遥远的天体出发，穿过宇宙空间到达地球，假如空间并没有变形，它就会沿着直线传播；而空间变形得越厉害，光弯曲的幅度就越大，就如同蹦床上的那粒弹珠。

现在可以想象一下那张蹦床，上面放了一个铅球或一个泡沫球。我站在蹦床这一边，另一边站着一个朋友，她张开双臂，两只手同时把一粒弹珠朝我的方向滚过来。假如蹦床上放的是泡沫球，蹦床表面几乎不会变形，两粒弹珠就几乎会沿着直线向我滚来。一旦用铅球代替了泡沫球，蹦床表面就会发生弯曲，这两粒弹珠就必须沿着曲线走过更长的旅程，才能到达我的手中。现在，如果我测量一下两粒弹珠滚到我手中时彼此之间的夹角，那么在蹦床上放泡沫球时，这个夹角要小于放铅球时的夹角（图4.10）。相比于在正向弯曲的几何结构上画出的三角形各角之和，在平直的几何结构上画出的三角形各角之和更小。也就是说，我可以用弹珠路径之间的这个夹角计算出球的质量。假如放的是铅球，这个夹角就会更大，假设我不知道弹珠走过的是一条弯曲的路径，就会显得我朋友的手臂特别长。

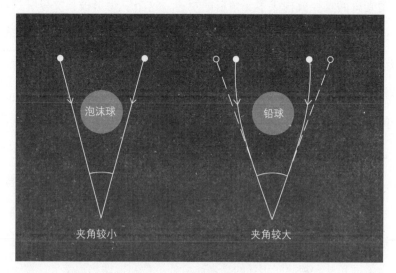

图4.10 利用三角形中角的大小计算出球的质量

在真实的宇宙中，我也可以想象一下类似的情况，这样就可以借此推算出空间的几何形状。这一次，我利用的不是朋友张开双臂滚过来的两粒弹珠，而是来自遥远太空的光；不是蹦床，而是空间本身。如果利用的是走过了很长一段距离的光，就可以用它来测量所经过的空间中所有物质的总质量，而不仅仅是空间中某一团物质的质量。要实现这个目的，利用宇宙微波背景辐射就很理想，因为它几乎是从宇宙形成以来就一直在传播。然后，除了对光进行测量的挑战（就宇宙而言，这相当于在上述示例中接住弹珠），我还必须搞清楚测量哪个角。在蹦床的示例中，我知道朋友张开的手臂有多宽，所以能算出那个三角形的各角之和是否等于180度。

事实证明，宇宙微波背景辐射具备一些微妙的特征，某些光斑的亮度大于或小于平均水平，我们可以用这些光斑来代替朋友张开的手臂。在第五章中会说明它们存在的原因，但目前只需知道这一点便足矣：它们的大小相对于整个天空的占比与拇指宽度相对于手臂长度的占比类似。这样一个典型光斑的直径就构成了三角形的短边，这个三角形极长又极窄：两条长边的长度即为宇宙微波背景辐射走过的整段旅程的长度，它们走了将近140亿年才到达我们这里。宇宙的质量越大，就会使空间变形得越厉害，从而导致光沿着越发弯曲的路径传播，这些光斑就会显得越大。

因此就有了这个宏伟的目标——通过测量这个超大三角形的夹角来衡量整个可观测宇宙的质量。这一目标于2000年大获成功。在两个相互竞争的气球实验项目中，气球飞到了地球的大气层高处，以测量微波的这些特征。1998年8月，由美国领导的毫米波各向异性实验成像阵列实验气球从位于得克萨斯州帕勒斯坦的哥伦比亚科学气球基地出发，飞行了8个小时。同年12月，由美国和意大利共同领导的毫米波河外星系和地球物理学气球巡天计划实验气球从南极的麦克默多站升空，飞行了10天。这两个团队都发现并测量了这些光斑，发现它们的大小正好符合在光沿直线传播的宇宙中的预期大小。他们衡量了宇宙的质量，发现平均而言，宇宙空间似乎并未弯曲。

那么，他们称量出的宇宙的质量是多少呢？这个质量小得令人惊诧。假设我们将宇宙中所有的物质均匀地散布开来，那么每段1米长的空间"盒子"的质量仅仅相当于6个氢原子的质量。当然了，在某些特定的位置上，比如有星系团或暗物质团存在的地方，宇宙的密度要比这个平均结果大得多。这个结果提醒了我们：宇宙中大部分的空间都是空旷的。

空间看似是平直的，我们由此得知它有可能是无边无际的，朝着四面八方无限延伸。不过，平直未必意味着无限大。空间的拓扑结构也很重要。

拓扑结构描绘的是空间构建的方式，我们可以在不使其变形的前提下改变空间的拓扑结构。仍然以上文中的那根橡皮筋为例。在不使橡皮筋变形的前提下，我们既可以把它摆放成一条长长的直线，也可以把它的两端连接起来，构成一个圆圈。我们也可以用类似的方法来摆弄一张纸，把纸铺平，或者卷成一根长筒。无论是怎样的摆放方式，橡皮筋或纸的几何形状都没有发生变化，但拓扑结构却有所差异（图4.11）。

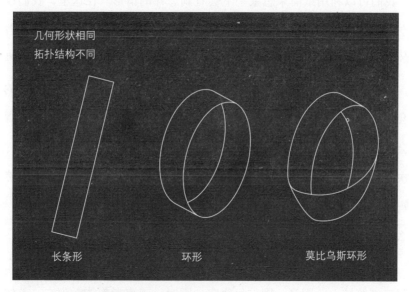

几何形状相同
拓扑结构不同

长条形　　　　　环形　　　　　莫比乌斯环形

图4.11　一张纸条所能具有的不同拓扑结构

我们同样可以认为宇宙具有不同的拓扑结构。实际上，空间或许也是可以卷起来的，这与将一张纸卷起来的方式颇为相似，不过想象起来没那么容易。纸的表面是二维的，而我们想象中那根卷起来的纸筒是处于三维空间里的；假如要以同样的方式将三维空间卷起，我们就需要有能力想象出四维空间。可以把空间的左右、前后、上下各边连接到一起，用这种方式将空间卷起，如此一来，无论沿着哪一个方向在这个空间里行进，我们最终都会回到出发点。

如果把空间像这样卷起，它的大小就是有限的，却不会有边际存在。假如这个空间的尺寸比可观测宇宙大得多，我们就无法将之与一个无限大、完全没有连接的空间区分开。但是，假如这个空间的尺寸小于可观测宇宙的尺寸，我们可能早就已经注意到了。这样的宇宙会是怎样的模样呢？乍一看，它和无限的宇宙未必会有什么差别。

我们可以利用纸筒来想象一下会看到怎样的情形。在这里，我们设想的空间仅仅是由那张纸的二维表面构成的。现在，想象一下把一只戴着头灯的蚂蚁放在纸面上，让另一只蚂蚁充当观察者。当然了，蚂蚁是三维生物，不过我们可以先假想它们是扁平的。接下来，我们假设头灯发出的光不会照射到纸面以外的地方，而是仅仅沿着这张纸的二维表面传播。观察者会看到蚂蚁的头灯发出的光。但头灯的光会顺着纸筒一直传播下去，在再次传到观察者所在位置之前，会先绕上一整圈或更多圈。这道光仍然来自蚂蚁的头灯，但每绕上一圈，就需要经过更长的时间才能被观察者看到，那么所走过的距离也更远。

光会一直传播下去，直到撞上某个物体为止，所以头灯发出的光会一直绕着纸筒转上一圈又一圈。每绕完一圈时，观察者都能看到它。整体上的效应就是，观察者可以看到头灯的光形成的多重影像，各个影像之间有着规则的间隔，这个间隔与绕纸筒一圈经过的距离相对应。距离最近的影像产生的时间最晚，相距越远的影像产生的时间最早，因为光绕圈传播是需要时间的。

在有限宇宙中，这种效应会在三维空间里发生。现在，可以将上述示例里的头灯换成太空中的某个星系，而我们就是银河系中的观察者。来自该星系的光传到了这里，我们就能看到那个星系。但在很久以前，来自同一星系的光已经射入太空，绕着有限的宇宙兜了一圈，又回到了起始点，正如我们动身绕着地球旅行，然后又会回到出发点那样。这些光也会与最先出发的那些光同时传到这里，但它们呈现出的却是那个星系久远得多的影像。这样一来，在遥望太空时，就可以看到相同天体的多重影像（图4.12）。我们会受到误导，我们心目中宇宙的尺寸会比实际的尺寸大得多。美国宇宙学家、宇宙拓扑学专家詹娜·莱文把这种效应比喻为置身于一间放满镜子的大厅里。

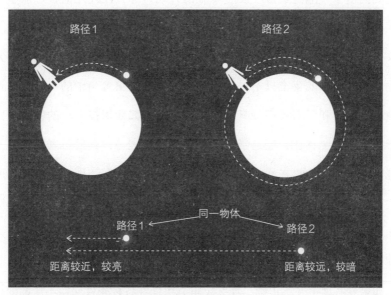

图4.12　有限宇宙中同一物体的多重影像

当然了，举例来说，假设宇宙的尺寸仅仅与本星系群相当，我们就会很容易注意到这一点。假如宇宙的尺寸比本星系群大上许多倍，那就很难发觉了，因为即使借助现代的望远镜，也无法为可观测宇宙的最遥远地带绘制地图。但天文学家尚未发现有任何证据表明存在这种多重影像的模式。这不意味着宇宙一定无限大，但确实表明，假如宇宙是有限的，而且前后、左右和上下各方是连接在一起的，那么它的尺寸必定比我们所能观测到的这部分宇宙更大。

假如宇宙是无限大的，它未必会在每个地方都有一模一样的表现。如果暴胀确实发生过，它预示着宇宙中的不同区域会在不同的时间开始膨胀，每个区域都会变成自身特有的次级宇宙，拥有自身特有的物理定律和基本粒子。如此一来，所谓"我们的宇宙"就只是在某一特定时刻发生暴胀的那一部分，产生了所能看到的这部分空间，将我们包含在其中。假如大爆炸是我们这个"泡泡宇宙"发生暴胀的开端，那么在此之前，可能早就已经存在着更大的宇宙了。

存在许多泡泡宇宙的想法是所谓多元宇宙论的一种可能范例，多元宇宙论认为，我们的宇宙只不过是一个庞大得多的集合当中的一部分。这种理论的支持者和反对者都颇具分量。其支持者如斯坦福大学的俄裔美国物理学家安德烈·林德，他是暴胀理论的创始人之一；其反对者如保罗·斯泰恩哈特，他认为，在暴胀所产生的多元宇宙中，在物理学上与我们所看到的宇宙不同的区域将会占据压倒性的支配地位。根据这一论点，暴胀理论无法预测我们自己这部分宇宙会有怎样的表现。斯泰恩哈特认为，这是该理论存在缺陷的证据之一。

如果暴胀理论并不正确，那么宇宙有可能在各种条件保持不变的前提下一直延伸至无限远。然而，这难免会引起人们好奇的思索，因为由此可以推断，在宇宙中某个遥远的地方，或许存在着每个人的无穷个复制品。这是个奇怪的概念。对我们当中的许多人来说，有限宇宙的概念会更容易接受。但宇宙空间到底是有限的还是无限的，我们可能永远也无从知晓。然而，对于有望看到的整个太空，我们已经获得了海量的信息。我们知道它在膨胀，开始的时间大概是在140亿年前。我们只是还不知道为什么会这样。

自始至终

现在，再回头来看看我们在宇宙中的位置，我们位于绕太阳运行的这颗小小的行星上。太阳在太空中被邻近的恒星包围，其中有许多恒星周围又环绕着属于自己的行星。邻近的恒星在由恒星组成的更长的旋臂上移动，它们乃是我们更庞大的家园——银河系的一部分。我们这个星系是由恒星和气体组成的一个巨大圆盘，镶嵌在由不可见的暗物质构成的一团庞大得多的晕轮中，正在缓慢地旋转。再放眼望去，我们邻近的一个星系正缓慢地穿过太空深处，朝着我们的方向移动，这就是光辉灿烂的仙女星系。在我们周围还有许多其他的星系，它们散布在太空中，又聚集在一起，形成较小的星系群或较大的星系团，一颗颗恒星在其中诞生又衰亡。在更遥远的地方，在所能观察到的范围内，我们会发现有更多的星系位于其所在的星系群和星系团中。如果把目光投向足够远的地方，我们就会看到它们聚集成了更为宏大的结构，即类似于特大城市群的超星系团。宇宙的脊梁是暗物质之网，星系和星系团是网中明亮的光辉。

我们明白，宇宙并非一直是这样。不仅单颗恒星有诞生之时，整团星云也是一样。它们并非始终存在于斯，其中的恒星也并非始终闪烁着耀眼的光芒。由于注意到周围的星系基本上都正在远离，我们已经推算出宇宙必定在膨胀。太空中的万物都在逐渐远离其余的一切。那么，假如让时间倒流，我们就会得出一个不可避免的结论：在过去的某个时刻，整个宇宙必定已经开始膨胀。正如第四章所述，宇宙有一个所谓的开端，不过我们也可能会发现，在这种膨胀开始之前，宇宙早已存在了许久。

在这一章中，我们会从那个表面上的时间零点开始向前快进，了解一下宇宙是如何发展至此的，以及未来的宇宙可能会怎样。这一切的实现，凭借的是在凝望太空时体验到的妙不可言的时间机器效应：你看得越远，就能看见越久远的过去。正如第一章所述，通过观察太空中的其余部分昔日的模样，我们便能推算出整个宇宙是如何演变的。

最初的40万年

如今看来，宇宙中的各处并不是整齐划一的。太空中的某些部分几乎空无一物，而另一些部分可能包含着丰富多彩的恒星系、密度极大的黑洞或结合紧密的暗物质。这些特征最初在宇宙中出现时，必定有其根源。假如在膨胀之初没有形成不规则的物质，那宇宙至今应当仍旧是由原子和暗物质组成的一片单调规则的"海洋"，根本就不会有我们的出现。

宇宙学和天文学上最宏大的问题之一，就要弄清这些最初的特征是如何形成的，可能正是它们后来演变成了我们如今所见的天体。这很有可能发生在宇宙开始膨胀的最初若干瞬间。最广为流传的解释是前一章中介绍过的那个观点：在宇宙诞生后最初的万亿分之一秒内，瞬间发生了暴胀过程。在暴胀过程中，构成原子核的粒子还没有形成，整个宇宙应当是被暴胀场支配着，由于暴胀场储存的能量，空间在短暂的瞬间以指数级的速度迅速膨胀，宇宙时钟每嘀嗒一声，宇宙的尺寸就会增加一倍。

请记住，目前还没有任何确凿的证据表明确实曾经发生过暴胀，而且许多理论家认为这个设想疑点重重。但暴胀理论之所以变得如此流行，原因之一就在于：一旦与量子力学相结合，这一理论就可以提供一个简洁的解释，说明原本平滑的空间中为什么会产生明显不同的特征。量子力学描述的是发生在极其微小（原子尺度）的物体上的事。在这样微小的尺度上，我们开始注意到种种奇怪的表现。我们发现，再也无法准确地指出物体的确切位置，或者事情发生的确切时间。空间中任何已知点的能量都可以发生短暂的改变，这导致可以在很短的时间内"凭空"产生新粒子。

那么，如果我们把这个平滑的暴胀场（它的能量均匀地分布在整个空间中）放大审视一下，看看在极其微小的尺度上发生了什么，就会发现有极少量的额外能量不断地产生，然后又消失。如果空间并未膨胀，这样并不会产生什么后果。一般来说，在宏大的尺度上，我们根本看不到有任何明显的状况发生。但在当初的第一个瞬间，空间正在以极快的速度膨胀，快到随着宇宙时钟每嘀嗒一声，空间的尺寸就会增加一倍。这种情况会对那些微量的额外能量产生重要的影响。那些在一个膨胀速度比光速还快的空间内产生的能量团，几乎在刹那间就分散开，彼此隔开了极为遥远的距离，以至于无法沟通。这是因为，当它们分离时，光还来不及在彼此之间传播。也许空间中的两个能量团起初的距离仅相当于一个原子宽，等到暴胀结束时，可能就会相距数光年之遥。额外的能量团便因而受困，嵌在空间的某处。它们不可能消失，因为与之成对的能量团此时位于宇宙中极为遥远的地方，已经与它们失去了联系。

这似乎是个十分怪异的想法。假如情况果真如此，那么，微小的特征（或者说空间中密度过大的区域）就这样形成了，倘若空间并没有发生快速的膨胀，这些特征通常会再次消失。这样一来，它们就变成了空间中永久性的特征，比其余部分致密一些。在这段暴胀期结束时，这些能量团就变成了我们熟悉的粒子，可能还变成了暗物质粒子。暴胀场的密度越大，产生的粒子就越多。

形成的这些特征的规模大不相同：有些直径如同一个星系，有些像恒星那么大，还有些则跟你的手差不多大。但它们相当不易察觉，比空间的平均密度仅仅高出百万分之几，肉眼根本发现不了。尽管它们一开始毫不起眼，但要让我们的宇宙继续发展演变，有它们便已足够。这些微小的结构之种经过多年的发展，形成了更清晰可辨的宇宙结构（图5.1）。

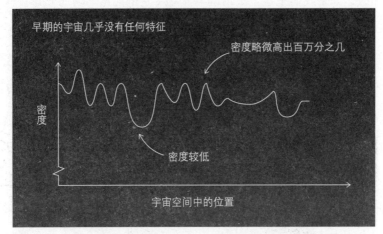

图5.1 大爆炸之后最初的若干瞬间，空间中粒子密度的细微差异

　　来到最初的刹那之后，我们对于所了解的信息就更有把握了。我们所处的这个宇宙中充斥着质子、中子、电子、中微子、光，很可能还有暗物质粒子。这里炽热得令人难以置信，温度高达数十亿摄氏度，所有的一切都紧紧地挤压在一起。由于温度极高，质子可以变成中子，它们可以融合到一起，形成原子核。氢聚变成氦。随着时间一点点流逝，宇宙在膨胀，万物开始分散开来。在这一过程中，所有的物质都逐渐冷却，几秒钟后，质子和中子就无法再相互转化了。相对于中子，作为质子的粒子数量就此固定下来。

　　然后，又过了几分钟，整个宇宙的温度变得过低，无法再发生聚变，不过仍旧保持在10亿摄氏度的水平。此时，不同种类的原子数量也固定下来了，几乎所有的原子都是氢原子（氢是元素周期表上的第一个元素），由一个质子和一个电子组成。氦原子的数量相当于氢原子的十二分之一，而更重的锂原子的含量则更少（图5.2）。没有碳、没有氮、没有氧，这些暂时都还没有。通过氢原子的聚变反应产生这些元素既需要时间，也需要热量。宇宙在大爆炸后冷却的速度太快，它们还来不及产生。必须等到许久之后，等到恒星的核心持久处于极端高温时它们才会形成。

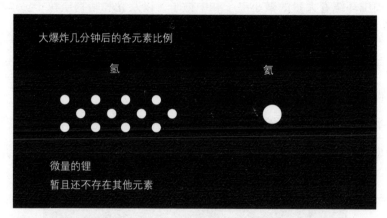

图5.2　在大爆炸之后几分钟内，元素的比例就已经形成了

美国物理学家拉尔夫·阿尔弗尔最先构想出这个形成原始元素的过程，即所谓的"核合成"。这是他博士论文的主题。1948年，他在乔治·华盛顿大学的乔治·伽莫夫指导下完成了博士论文，正是在此基础上，他才预言了宇宙微波背景辐射的存在。在阿尔弗尔之前，虽然观测结果表明宇宙中含有氢和氦的特定混合物，但谁也不明白这是为什么。他的研究成果在1948年以一篇论文的形式发表出来，该论文题为《化学元素的起源》，署名者除了阿尔弗尔，还有汉斯·贝特和伽莫夫。这项研究成果主要归阿尔弗尔所有，但令阿尔弗尔苦恼的是，伽莫夫却把他的朋友、物理学家汉斯·贝特的名字也加了上去，目的是要用希腊字母表里的前三个字母构成一个双关语。贝特并没有参与研究，而身为学生，阿尔弗尔难免担心如果与两名资深学者共同在论文上署名，自己会错失因为突破性研究而理应享有的荣誉。但实际上，阿尔弗尔迎来了声名鹊起的时刻。1948年，包括记者在内的数百人前来观看他的博士学位考试,《华盛顿邮报》还对他所取得的突破进行了充分的报道。

　　说回到刚刚诞生几分钟的宇宙吧,我们会发现,在那里原子核四处蔓延,周围环绕着大量的微小电子和中微子,以及光和暗物质粒子。这些光后来成为宇宙微波背景辐射,朝着四面八方飞过太空,每当遇到一个小小的电子就会改变路线。由于电子无处不在,因此光也就不断地改变方向,这使得宇宙有点像不透明的云雾。

　　举个例子:我们在雾中无法远眺,因为组成雾的悬浮水分子会使光的方向发生弯曲,使其偏离原来的路径,凡是冲出雾的光在雾中经过的路径

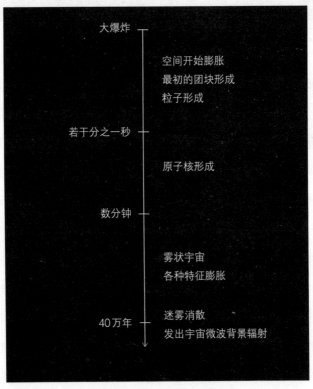

图5.3　大爆炸之后最初40万年内的时间轴

都是随机的。这有点像年轻的宇宙中电子对光的影响。在光从粒子迷雾中冲出来之前，我们无从判断它原先的位置。

这个雾状宇宙保留了在最初的若干瞬间形成的不规则特征。在这些团块状区域，密度略高于宇宙的平均水平，这里的粒子聚集成团的程度稍大一些。此时，这些团块状区域开始长大，因为引力促使它们聚集到一起。由于质量大的物体受到的引力更大，所以空间中物质略多的区域会倾向于将其他物质朝自身的方向吸引，远离空间中较为空旷的部分。慢慢地，这些特征变得更加轮廓分明。

大约40万年后，粒子迷雾终于消散（图5.3）。在这段时期里，宇宙继续膨胀，并逐渐冷却下来。此时的环境温度只有几千摄氏度，已不足以让电子海洋与微小的原子核相分离。这时，完整的氢原子和氦原子已经可以存在了。

自由飘散的电子可以改变光的轨迹，但一旦被纳入原子之中，它们就无能为力了。这就意味着此时光可以沿直线穿过宇宙空间，而几乎完全不受原子和周围的暗物质粒子影响。现在，这道光就变成了第四章提及的宇宙微波背景辐射（图5.4），于1965年首次被人们探测到。在普林斯顿大学和莫斯科，物理学家吉姆·皮布尔斯和雅可夫·泽尔多维奇分别领导着各自的研究小组，在接下来的几年里得出了如下结论：从宇宙空间的不同部分发出的光强度也应该略有不同。光的强度或温度会随着它所经过的空间密度而变化。由于空间中某些区域的密度比其余区域略大（或略小），所以来自这些地方的光也应该更热（或更冷）。

不过，这种影响大概十分轻微。当时，即便是宇宙空间里密度较大的区域，其密度也仅仅比其他区域高出百万分之十左右。因此，来自不同方向的宇宙微波背景辐射强度预计也仅相差百万分之几。在发现宇宙微波背

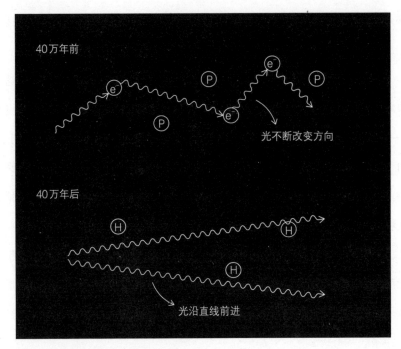

图5.4 宇宙微波背景辐射的形成

景辐射之后的几十年间，物理学家转而开始努力寻找这些特征。人们花了20多年的时间才找到。因为这样的信号太过细微，所以必须开发出更加灵敏的微波探测器。此外还需要有良好的观测位置，避免来自地球大气层的微波污染将信号遮盖住。最终，由美国物理学家约翰·马瑟领导的一个科学家团队在1992年公布了他们的发现，该团队利用的是NASA的宇宙背景探测器卫星拍摄到的微波天空影像。

黑暗时代与黎明降临

在大爆炸的40万年后，宇宙空间里充满了氢原子和氦原子，还有微小的中微子及暗物质粒子。其中粒子密度较大的区域也变得越来越显眼，引力使其不断得到增强，吸引更多可见和不可见的物质进入这些区域，让原本较为空旷的区域变得越发空旷。但这些密度较大区域的密度还不够大，不足以坍缩成我们熟悉的天体，比如恒星。相反，宇宙进入了一个被称为"宇宙黑暗时代"的时期。这段黎明前的黑暗期持续了大约2亿年，在此期间，照射着整个空间的唯有宇宙微波背景辐射。该时期内，环境光和原子的温度逐渐从数千摄氏度下降到远低于零摄氏度的范围。

在这个黑暗时代，密度较大的区域逐渐坍缩成由原子和暗物质粒子组成的宇宙之网，其组成结构就像是连接着团块状节点的巨型条状物。我们未能观察到这一切的发生，目前还不知道这个过程是如何进行的，但正如第三章中所述，由于具备了利用计算机模拟来构建宇宙模型的能力，我们在这方面的理解正在不断进步。天文学家和物理学家可以向计算机下达指令，让其计算在一个具备大爆炸遗留的特征的宇宙中，巨量的原子或暗物质粒子会发生怎样的情况。计算机需要了解万有引力定律，还要有足够的能力去追踪数量巨大的不同物体的运动和分类。随着计算机发展得日益精密，对宇宙的模拟便可达到越来越高的拟真度。

这些模拟让我们对了解当时发生过什么有了信心，但我们或许永远也无法一窥宇宙黑暗时代的模样。当时还没有恒星存在，所以也就看不到来自那个时代的星光。尽管如此，也仍然有一线希望。在周围的宇宙微波背景辐射的加热下，氢原子本身会释放出一些无线电波，这是其中的电子在两种不同的物理状态之间切换时产生的。每个氢原子都有一个电子，这个电子具备"自旋"特性，我们可以将其想象成是在顺时针旋转还是在逆时针旋转。量子力学告诉我们，电子实际上并没有发生旋转，只是它们的表现有点像是在旋转。当氢原子中的质子和电子朝相同方向自旋时，它们的能量就要比朝相反方向自旋时略多一些。也就是说，当电子的自旋改为相反方向时，氢原子的能量会下降，而这些能量会以光的形式释放出来。

这种光具备特定的波长——21厘米，与我们用于发射无线网络信号的光的波长相差无几。借助经过特定方式调整的望远镜，我们或许可以测量到这些氢原子发出的光，但这里有一个问题。当这些光发出的时候，宇宙比现在要小得多，这就意味着如今这些光的波长大幅增加了，是原先波长的很多倍。在地球上几乎是不可能捕捉到这些光的，因为存在来自人造设备（特别是无线电台）的各种干扰，它们发出的无线电波具有与之相同的波长。

为了解决这个问题，企图研究宇宙黑暗时代的天文学家提出了一些具有前瞻性的想法，比如将成千上万的无线电天线安装在月球背面辽阔的区域。这个概念被称为"黑暗时代月球干涉仪"，其规模极大，能探测到波长达30米的超长波，从而将我们对天文学历史的理解推进到宇宙黑暗时代。这个想法需要用大量的机器人把成千上万台无线电波探测器部署到月背，并形成一个阵列。该阵列的灵敏度相当于一架直径为几千米的望远镜，能让我们窥见宇宙在恒星出现之前那个时代的形成过程。

在大爆炸的几亿年后，宇宙黑暗时代进入了尾声。最终，原子团达到了足够的密度，在宇宙暗物质网的大密度节点上形成了最早的微型星系。这些原始星系可能与现今我们在宇宙中看到的星系大不相同。它们比现在的星系要小很多，直径仅有几十光年，质量可能是太阳的100万倍。一开始，这些原始星系中根本没有恒星。根据计算机模拟的结果，我们认为这些星系都是由气体盘组成的，嵌在暗物质形成的一团更大的球状物质中。这些气体的成分可能仅有氢和氦，与类似于银河系的星系中形成恒星的气体截然不同。形成像太阳系这样包含碳、氧等元素的恒星系的成分当时还不存在。

在那些微型星系里都发生了什么呢？引力会将气体压缩，使其温度升高到大约1000摄氏度。在密度最大的地方，气体会更加紧密地聚集到一起，使氢原子和氦原子靠得更近。不过，在气体团坍缩成恒星之前，其内部的原子需要冷却到足够低的温度，才能使向内拉拽的引力战胜向外推挤的压力。气体温度越低，压力就越小。这就意味着要将气体团冷却到零下一两百摄氏度，这样的情况在原子相互碰撞时就会发生。这减慢了原子的速度，降低了它们的温度，直到最后，由氢原子和氦原子组成的高密度云团得以坍缩成最初的恒星。正如第二章中所述，在恒星内核中就可以开始进行聚变反应，由此产生光和热。

氢和氦不会像由碳、氧等元素组成的气体那样轻易地发生碰撞并冷却。也就是说，在这些最早的气体团中，向外推挤的气体压力要大于现今银河系气体云中的压力。而这又意味着，最初出现的那些恒星的平均质量可能比现在一般的恒星质量要大得多，会产生更强的引力来抵消压力。于是在当时，生命周期短促的白色和蓝色恒星的数量比现在要多得多，它们是所有恒星中质量最大、温度最高的。

我们认为，在大爆炸过去几亿年之后，最早的恒星便是以这种方式形成的，这标志着"宇宙黎明"的开端。天文学家尚不确定这一过程发生的确切时间，因为我们无法看到它们发出的星光。这些恒星原本被密度很大的氢原子云所包围，氢原子吸收了恒星发出的大部分紫外线和可见光，使其隐匿于我们的视线之外。然而，我们却可以搜寻来自那些温热的氢原子本身的光，也就是前文中提到过的无线电波。这些光发出时的波长为21厘米，现在应该达到了几米，比来自更早的黑暗时代的无线电波要短一些。如此一来，在地球上较少无线电波干扰的地方就可以观测到这样的信号，天文学家正在澳大利亚西部、美国加利福尼亚州的沙漠和南非等偏远地区积极搜寻这种信号，也急切地等待着平方千米阵列采集的无线电波高保真图像。天文学界还雄心勃勃地准备发射一颗新的卫星——暂且命名为"黑暗时代无线电探索者"，让其绕月球轨道运行。在绕到月球背面时，它就不会受到人造设备的信号干扰，从而可以接收到源自最早的氢气团的微弱信号。

在接下来的几亿年间，宇宙的黎明降临，整个宇宙中发生了一种名为"再电离"的转变。最早出现的那些恒星发出的光使周围的气体温度上升，而紫外线等具备充足的能量，可以将氢原子和氦原子重新分解为原子核和电子，使气体发生电离。这些恒星的质量很大，它们或许仅有短短几百万年的寿命，其中有许多恒星以超新星爆发的形式结束了短促的生命。超新星可能在包裹着恒星的气体中打开了一条通道，帮助紫外线等光逃逸而出，使星系周围的气体中的原子发生分解。在所有星系的周围都形成了若干炽热气体的区域，就像瑞士奶酪上的孔洞一样，遍布于整个宇宙。它们在成百上千万年里会持续增长、渗透和合并，直至最终，整个宇宙空间里所有的原子都分解成原子核和电子。

我们仍旧无法确切地说清这一过程是如何发生的，甚至说不清是何时发生的，因为我们的理解和假设大多基于计算机模拟，而非实际观测。但根据目前的估计，从中性宇宙到电离宇宙的转变（天文学家称之为"再电离时代"）真正开始的时间是在大爆炸的5亿年后，持续了大约4亿年。这仍然只是粗略的估计，但确实有一些观测结果作为指引，因为我们可以将明亮的类星体当作灯塔。类星体要比恒星组成的整个星系明亮得多，它是我们所能观察到的最遥远的天体，因而也是最古老的天体。早在1965年，美国天文学家吉姆·冈恩和布鲁斯·彼得森就发现，如果把一颗类星体的光分解成包含其所有波长在内的光谱，那么在类星体发出的光经过的路径上，微小的中性氢就会遮挡住这些光中具有特定波长的部分。而在再电离时代结束后，中性氢便已不复存在了，由此可以推断，如果看到类星体的光以这种方式被遮挡，那它必定来自再电离转变过程尚未结束的那个时代。

如果你能找到略近一些的类星体，它们发出的光没有被中性氢所遮挡，那你就会知道这光是在宇宙再电离结束后才发出的，那时已经不再有中性氢遗留了。来自加利福尼亚大学的天文学家罗伯特·贝克尔率领着一个团队，利用斯隆数字巡天项目的数据来寻找这样的明亮类星体。2001年，他们发现了第一颗这样的类星体，它发出的光中仍然包含着与中性氢发生相互作用的标志性迹象。他们通过观察类星体的红移，确定了类星体的光从发出到在地球上被观测到的这段时间里，其波长增加的幅度，从而推算出了此光的年龄。他们发现，它是在大爆炸发生将近9亿年后发出的。天文学家还确定，在类星体发出的光中，稍晚于这个时期的光便不再显示出与中性氢相互作用的痕迹。这条分界线似乎标志着再电离时代的结束，这是宇宙时间轴上的一个重要标志。

关于宇宙生命的早期部分，还存在许多悬而未决的问题。我们仍然企盼着能知晓宇宙黎明时期是从何时开始的，在数亿年的时间里又经过了怎样的演变。除了通过无线电波检测设备来观测中性氢，从而间接观测恒星的光，在未来的10年里，我们还希望借助继哈勃空间望远镜之后投入使用的詹姆斯·韦伯空间望远镜，发现大量的遥远类星体。詹姆斯·韦伯空间望远镜即将成为NASA的新旗舰项目，为了实现天文学方面的众多目标，这颗价值数十亿美元的卫星经过了多年的设计和制造。它的镜面直径超过6米，能以敏锐的高清晰度进行观测。然而遗憾的是，这样一来也使其不可能在火箭发射器中完全展开，因此，它的镜面被分片制作，等到发射之后再以精巧的方式展开拼接。对工程师和科学家来说，那样的时刻令人无比紧张。

　　詹姆斯·韦伯空间望远镜的镜面面积相当于哈勃空间望远镜的7倍，镜面会被安设在约有网球场大小的巨型遮阳板上方，以使望远镜保持低温。它从地球出发，飞行100多万千米，到达一个稳定的轨道，在那里它可以绕太阳运行，观测到红外线和波长较长的红色可见光。随着空间的膨胀，最早的类星体和星系发出的紫外线经过130多亿年的旅程，其波长会增加许多倍，以红外线的形式传到地球上来。詹姆斯·韦伯空间望远镜最终可以观测到这样的光。

星系的形成与发展

　　时间继续向前推移，宇宙的年龄达到10亿年的时候，星系内部和周围的气体温度升高，微小的星系也开始融合在一起，形成略大一些的星系。这又是引力作用的结果，因为引力把密度大的区域朝彼此的方向拉拽，直到它们最终相撞，形成更大的新物体。这些新物体可能就是最早一批初具现今所知的星系模样的天体，其中一个或多个后来形成了银河系。我们知道，银河系内部分天体的年代必定可以追溯到这一时期，因为现已发现其中某些恒星至少有130亿年的历史。由于整个宇宙的年龄也只有将近140亿年，因此，银河系中那些古老的恒星必定曾是一个或多个最初星系中的一部分。

　　对天文学家而言，了解银河系的形成过程十分重要，并且很有趣，但到目前为止，我们仅仅窥见了其中一斑。我们永远也无法回到过去亲眼见证银河系昔日的模样：我们观测到的银河系内恒星最早发出的光也只是来自约10万年前。最好的替代方案是去观察其他更遥远的星系，借此来尝试着推断过去到底发生了什么，早在数百万至数十亿年前，这些星系的光便已启程朝着我们的方向而来。通过这样的方式，并用计算机模拟来为过往事件构建模型，我们已经相当确定，银河系过去是由较小的星系合并而成的。

移动中的各个物体在相互靠近并融合时，会趋向于形成一个更大的旋转物体。当银河系形成时，发生融合的各微型星系的可见部分（由恒星、气体和尘埃组成）聚集到一起，形成一个旋转的圆盘，而不可见的暗物质则保持着更接近于球状的形态。又过了30亿年左右，我们认为银河系此时的大小已与现今相差无几，各条旋臂也已经就位。当时宇宙的年龄大概有40亿年。即便时至今日，银河系仍在缓慢地膨胀，它的引力吸引着邻近规模较小的矮星系前来与之融合。相距最近的两个相邻星系（大、小麦哲伦星系）可能会在大约30亿年后与银河系融合，被这个尺寸较大的同伴所吞噬。

银河系内的大多数恒星是在其年龄仅有几十亿年时形成的。那时候，银河系才刚刚达到现有的规模。对新恒星的诞生而言，当时的条件颇为理想，因为星系的融合带来了气体云的大规模碰撞。目前，银河系内的活动相对极少，新恒星的诞生非常缓慢，在已经存在的1000亿颗恒星中，每年只有零星几颗新恒星出现；而在其活动的高峰期，每年都会产生数百颗新恒星。

太阳诞生时，宇宙大约有90亿岁，恒星形成活动的高峰期已经接近尾声。在其中一条由恒星组成的旋臂中，太阳由旋臂深处的一团气体云冷凝而成，最初可能是一颗周围环绕着尘埃圆盘的恒星（图5.5）。正如第一章所述，行星科学家认为，各大行星就是由那团尘埃云冷凝而成的：岩石聚集在一起，变成越来越大的巨石，直到形成微小的前期行星，它们自身具有引力，最终变得越发庞大。我们根本无法弄清太阳系是如何形成的，正如无法弄清银河系的悠久历史一样。但是，我们可以转而观察其他恒星周围的恒星系是如何形成的，再用电脑模拟出我们心目中太阳系的形成过程。

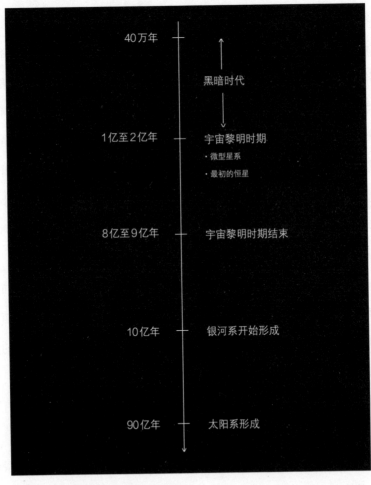

图5.5 宇宙最初90亿年的时间轴

银河系的历史很可能符合旋涡星系的标准历程，与椭圆星系相比，它过去经历过的混乱较少。我们认为，那些椭圆星系最初其实是两个或多个大小相仿的旋涡星系，在某一时刻，这些星系发生了剧烈的碰撞，经历了天文学家所谓的"大融合"。对置身于其中某个星系的渺小观察者而言，奇怪的是，如此大规模的星系碰撞带来的体验却十分平淡无奇。假如此时此刻，银河系与另一个星系发生碰撞，我们很可能感受不到碰撞产生的影响。与整个银河系相比，太阳系过于渺小，恒星之间的空隙又太大。假如把两个星系推到一起，尽管地球上的观测者或许会注意到夜空中壮美的变化，但估计任何一颗恒星都不会真正与其他恒星相撞。请记住，在第一章提及的思维模型中，假如把太阳系邻近空间按比例缩小到相当于一个篮球场的大小，那整个太阳系也就只有一粒盐那么大，在如此浩瀚的空间中几乎察觉不到。

即使星系的碰撞不会立即影响到单颗恒星（或者暗物质，假设暗物质是由小粒子组成的），也还是会产生一些影响。位于恒星间隙中的气体和尘埃散布得很稀疏，比恒星分布得相对更均匀，星系碰撞产生的气体云汇聚到一起，形成了新的恒星摇篮，产生了大量的新恒星和新行星。在最初爆发式的星体猛增之后，新的超级星系耗尽了可用的气体，只会再产生极少数的新恒星。

新融合进来的星系的引力也破坏了其伙伴内部微妙的平衡，使恒星离开遵循原星系的旋涡状星盘运行的初始轨道，进入随机的轨道中。各星系原有的旋涡形态消失了，融合后的星系可能是个球状体，类似橄榄球。确切的形状取决于融合进来的星系原本的规模，以及星系相撞时移动的方向。天文学家在计算机模拟中让旋涡星系撞到一起，借以预测这种融合的结果，发现一般会产生球状星系。

　　我们实在幸运，竟然拍摄到了旋涡星系在这类融合过程中许多令人惊叹的照片，其中许多照片都是借助哈勃空间望远镜或位于智利和夏威夷的大型光学望远镜拍摄的。我们经常可以看到，在邻近星系的相互作用下，星系完美的旋涡形态刚开始发生扭曲的图景。假如某个天文学家在几百万年后还能再看上一眼的话，这些旋涡星系应当已经消失了，只剩下一个椭圆星系。按照银河系的移动路线，它终将与毗邻的仙女星系相撞，因此这样的融合也是我们最终会面临的命运。仙女星系（这个我们未来的伙伴）要比银河系大些，但大不了太多。再过40亿年左右，等到碰撞发生后，这两个星系预计会合并成一个新的超大椭圆星系（图5.6）。

旋涡星系　　　　　　　旋涡星系　　　　　　　椭圆星系

图5.6　两个旋涡星系彼此相撞，形成了一个更为庞大的椭圆星系

　　我们正急切等待着的信号应当来自星系核心处的巨大黑洞。这些黑洞的质量是太阳的几百万到几十亿倍，当其所在的星系发生融合时，我们认为它们也会合并到一起，在新的超级星系核心产生更大的黑洞。合并时，它们应当会产生引力波，也就是第二章中所述的时空涟漪。当遥远太空中的两个巨大黑洞合并时，产生的引力波穿过银河系，会让时空发生伸缩。

　　我们怎样才能探测到这种信号呢？合并之前，这样两个巨大的黑洞在绕着彼此旋转时，它们之间相隔的距离一般比单颗恒星形成的黑洞要大得多，因此我们无法用LIGO实验探测到这些引力波。天文学家正转而监测银河系中的脉冲星，也就是约瑟琳·贝尔·伯奈尔发现的快速旋转的中子星。他们利用的是每秒钟旋转数百次的脉冲星，并用射电望远镜对其常规脉冲进行精准计时。当引力波经过时，时间本身会在一瞬间以不同的方式流逝，产生的效果便是使脉冲周期延长或缩短。所以，我们的目标就是要寻找遍布于银河系中的一组脉冲星脉冲时间的变化。一个天文学家团队目前正在进行这项工作，该团队会聚了来自北美洲、欧洲和大洋洲的研究小组，使用的探测设备是国际脉冲星计时阵列。他们使用的射电望远镜遍布全球，包括波多黎各300米口径的阿雷西博天文台、美国西弗吉尼亚州100米口径的绿岸望远镜、英国卓瑞尔河岸80米口径的洛弗尔望远镜，以及澳大利亚64米口径的帕克斯望远镜。他们仔细追踪着一组大约60颗经过充分考量的脉冲星，预计在未来10年内，将会有足够的灵敏度，以便发现源自那些巨大黑洞的第一个信号。

加速膨胀与暗能量

现在，假如我们进一步拓宽视野，把这些发生融合的星系抛到身后，看到的应当就是在将近140亿年的宇宙史中，宇宙之网整体的形成和演化过程。我们会看到，从最早的星系出现之时起，引力如何不断地将邻近的星系朝彼此的方向吸引，从而形成最早的星系群和星系团，而暗物质网形成了密度更大的节点和条状物，使它们之间的空隙变得越发空旷。但并非所有的星系都会发生融合，正如第四章中所述，即使邻近的星系相互吸引，但整体而言，空间的缓慢膨胀仍会趋向于使各星系分散开来，所以随着时间的推移，我们会看到它们分隔得越来越远。

直到不久前为止，天文学家一直认为引力的作用最终会减缓空间的膨胀。这一假设是基于这样的观念：无论宇宙的膨胀起源于怎样的过程，那个过程早就停止了。无论是来自可见物质还是不可见物质的万有引力，都必然会吸引着空间中的各个点彼此靠拢，而不会推动其分散，带来的结果就是空间的膨胀速度减缓。

对此经常使用的类比是假想把一个球抛到空中。你赋予了球一个向上的初始速度，然后让引力发挥作用即可，接下来会发生怎样的情形取决于你抛球的力度。在现实中的所有情况下，球都会减速、停止上升，再掉头落回到地球上。你也可以想象抛球的力量足够大，于是球会一直减速，却永远不会掉头，而是会一直朝着太空中移动。使球减速掉头的，是地球的引力对球的吸引作用。假如地球的质量比现在的小得多，那么这个球挣脱地球引力、永远不再落回地面的可能性就更大。就太空而言，上述类比中抛球的动作有点像大爆炸时空间最初发生的膨胀，那么球的速度就类似于空间的膨胀速度；球掉头下落，就像空间开始收缩；地球引力对球的吸引作用就像太空中所有物质的引力，趋向于使空间的膨胀速度减缓。

因此，在20世纪后期，天文学家和物理学家思考的宏大问题之一便是宇宙中物质的密度是否足够大？是否有足够的引力使宇宙的膨胀彻底终止？假如这种情况真的发生，空间的膨胀不会仅限于终止，而是会发生逆转。星系会开始朝彼此靠近，在遥远的将来，当所有空间被重新挤压成一个高度压缩或无限压缩的点时，就会不可避免地发生一场"大坍缩"。这个想法在很多方面都很有吸引力，因为它表明宇宙具有循环性。先后经历过大爆炸和大坍缩的宇宙可能会反复经历同样的过程。膨胀、收缩，先向外扩张，再向内回缩。循环过程在自然界中随处可见，人类可能会觉得这样的过程很有吸引力。

为了弄清宇宙中是否有足够的质量来使膨胀终止，第一项关键任务就是要计算出整个宇宙空间的平均质量。正如第四章所述，以恒星、气体、尘埃和暗物质的形式存在的物质越多，其密度就越大，引力就越大，从而越能促使空间的膨胀放缓。大体而言，宇宙的质量越小、空间越空旷，就越难以让空间的膨胀速度减缓，可能只会让膨胀速度略微减慢。存在着一个"临界密度"，这个密度代表的物质总量恰好足以使空间膨胀的速度下降到适当的水平，最终让空间停止膨胀，但又不足以使膨胀发生逆转。具备这一临界密度的宇宙在几何学上也是平直的，就像是第四章中提及的那张纸的三维版本。在这样的宇宙中，两道沿平行线传播的光不会相交。

天文学家和物理学家计算出，宇宙的临界密度相当于在1立方米的空间"盒子"里约有6个氢原子。密度大于这个水平的宇宙最终会发展为大坍缩；密度小于这个水平的宇宙则会永远膨胀下去，但膨胀速度会越来越慢。需要做的只是测出太空中所有物质的平均质量。

在20世纪90年代之前，认为宇宙可能具备达到了完美平衡的临界密度的观点颇具吸引力，因为当时盛行的暴胀理论正是这样预测的。理论而言，这种想法在很多方面都很令人感兴趣，但无疑有某些迹象表明，有些地方并不完全合理。1990年，英国天文学家乔治·艾夫斯塔休、史蒂文·马多克斯及同事使用底片自动测量法，研究了在天空中十分之一的范围拍摄到的200万个星系的位置，得出的结论是：宇宙平均密度必定小于临界密度值的一半。还有一个有趣的观察结果认为，宇宙的年龄也解释不通。在天文学家看来，宇宙的膨胀率似乎表明大爆炸发生在不到100亿年前，但通过观察恒星的年龄，却明显可以看出，某些恒星诞生的时间距今已超过120亿年。

　　在第四章中曾经提及两项宇宙微波背景辐射气球实验，20世纪90年代末，这两项实验项目已经做好了准备，可以更精确地测出宇宙的质量。然而，在气球实验开始收集数据之前，有两个天文学家团队宣布了令人惊喜的观测结果。他们观测的是遥远而明亮的 Ia 型超新星，即第一章中述及的那类超新星，天文学家用这种特殊类型的星体来测量空间中最遥远的距离，它们很可能是在白矮星从其伴星处获得质量时产生的。在20世纪90年代，有两个相互竞争的团队利用一系列灵敏的望远镜，收集到了有关这类超新星的一套全新观测数据。其中一个团队是"高红移超新星搜索队"，由布莱恩·施密特领导，他就职于澳大利亚的斯特朗洛山天文台。这个团队由20名天文学家组成，利用的超新星是借助智利的4米口径布兰柯望远镜发现的，他们找到了一些早在70亿年前就已开始发光的超新星，当时宇宙的年龄仅相当于现在的一半。另一个团队是"超新星宇宙学计划"，大约包含30人，由加利福尼亚大学伯克利分校的索尔·珀尔玛特带队，使用位于智利和加纳利群岛的望远镜来寻找超新星。一旦有所发现，该研究团队就用哈勃空间望远镜及地球上最大的反射望远镜（位于夏威夷的10米口径凯克望远镜）对其进行察看。

　　这两个团队的目标并非要用这些超新星来衡量宇宙的质量，而是要观测宇宙的膨胀率减缓了多少。在第四章中，我们提到了哈勃定律，该定律指出，几乎所有星系都在彼此远离，且在任何既定的观察者看来，距离越远的星系彼此远离得就越快。考虑到各星系与我们的距离，宇宙的膨胀率就等同于星系退行的速度。我们可以用超新星的亮度来计算出这个距离，以及在最初的爆炸后距离随时间的变化，还可以用超新星的光的红移情况来计算出表观速度。要弄清宇宙膨胀率减缓了多少，我们可以对比一下测量到的极其遥远星系的膨胀率与相对较近星系的膨胀率。来自遥远星系的光在很久以前就已发出，向我们揭示的是"过去"的膨胀率；而来自较近星系的光发出的时间较晚，向我们揭示的是"现在"的膨胀率。

　　两个超新星研究团队都预计测出的过往膨胀率会更快，因为几乎所有人都认为空间的膨胀应该正在放缓，主要问题仅仅是放缓了多少而已。结果他们观测到的数据令人惊讶。两个团队仔细研究了获得的数据，得出了相同的结论——宇宙过去的膨胀率明显较慢，而非较快，可见宇宙的膨胀正在加速（图5.7）。这很奇怪，就如同你把球抛到太空中，它既没有重新回落，也没有逐渐停止移动，而是加速离开，以越来越快的速度飞离地球。

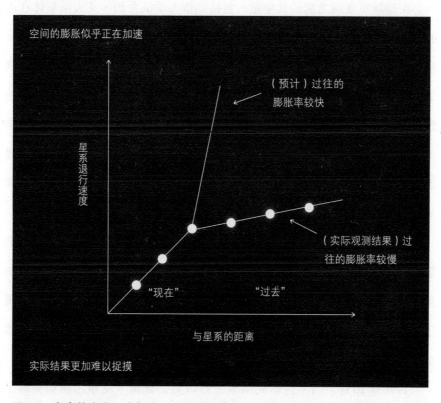

图5.7　宇宙的膨胀正在加速：遥远星系的退行速度代表的是过去的膨胀率，而邻近星系的退行速度代表的则是现在的膨胀率

1998年，这两个团队宣布了他们的研究结果，令天文学界大为激动。这是个令人着迷的发现，因为在宇宙中，没有任何已经得到解释的东西能使空间的膨胀加速，嗯，几乎没有。宇宙中蕴含的一切（包括普通原子、暗物质、中微子或光）具备的都是引力，趋向于使空间的膨胀放缓。唯一能使空间膨胀的东西，便是爱因斯坦提出的那个怪异的宇宙常数，又称"拉姆达[1]值"。这原本是爱因斯坦在广义相对论方程中加入的一个容差系数，用来平衡引力向内的拉力，这样就可以避免得出空间正在膨胀的结论。在看到埃德温·哈勃对遥远星系的观测结果后，他便迅速将其移除了。

在超新星发现之前的几年里，包括剑桥大学的乔治·艾夫斯塔休在内的天文学家已经在做实验时重新纳入爱因斯坦提出的这个常数。这样一来，所有的观测结果就都更能说得通了，但并非每一个人都对此表示认同。这下，有了这些超新星观测的新结果，对更多的天文学界人士而言，这样的想法就变得更令人信服了。宇宙常数似乎再度回归。这个常数描述的是空无一物的空间本身所蕴含的能量。假如一个空间"盒子"看似是空的，里面也可能存在着一些能量，我们称之为"真空能量"。这种能量具有使空间加速膨胀的特性，其表现类似于驱动空间发生初始膨胀的能量。

超新星研究团队的测量结果显示，现今宇宙中大约三分之二的能量似乎都是由这种真空能量构成的。再加上普通物质和暗物质，最终也会使物质或能量达到恰好合适的量，从而使宇宙具备完美的临界密度，使其呈现出几何学上的扁平态。这是宇宙之谜中原本缺失的一环，宇宙的全貌开始成形。

1998年10月，当上述研究结果公布以后，吉姆·皮布尔斯和美国宇宙学家迈克·特纳进行了1920年的哈罗·沙普利与希伯·柯蒂斯之争的后

---

[1] 希腊字母 λ 的音译。

续辩论。在华盛顿特区的史密森尼自然历史博物馆，他们在当年的同一座大礼堂里展开辩论，这一次的主题是"大辩论：宇宙学问题是否得到了解答？"。迈克·特纳为正方，认为宇宙学问题得到了解答，宇宙常数回归了，宇宙具备了临界密度；吉姆·皮布尔斯为反方，认为还需要进行更多的研究和观测，才能确信有必要引入爱因斯坦的宇宙常数。

微波气球实验的结果会为几何学上的扁平宇宙观提供进一步的佐证，而在2003年，又有更多的证据来自NASA继COBE卫星之后发射的威尔金森微波各向异性探测器。该探测器旨在以更高的保真度来探测宇宙微波背景辐射的特征，得名于普林斯顿大学的物理学家大卫·威尔金森。他曾在1965年与鲍勃·迪克一起测量微波背景辐射，也是此次任务的核心成员。直到他于2002年去世，这颗探测器仍在对天空进行观测。在戈达德太空飞行中心，在查尔斯·班尼特的率领下，科学家团队利用威尔金森微波各向异性探测器开展研究，并得出了结论，认为只有在宇宙中同时存在暗物质和真空能量的情况下，在宇宙微波背景辐射细微的温度变化中看见的那些特征才能得到解释。他们还发现，真空能量约占当今宇宙能量的三分之二。

就在短短几年间，一种新的实际情况逐渐明晰：我们的宇宙正在加速膨胀，到目前为止，在其诞生以来最近三分之一的岁月里，这种真空能量（或宇宙常数）在其整体能量中似乎占据着主导地位。天文学家也称之为"暗能量"（图5.8），这个词是迈克·特纳创造的，因为我们仍然不能完全确定它究竟是纯粹的真空能量，还是别的什么东西，即宇宙中某种新的成分。"暗能量"是一个更宽泛的名称，指代的是任何一种能够解释空间为何会加速膨胀的事物。

暗能量面临的理论问题之一是它的量，目前还解释不通。关于为什么真空自身会具备能量，有人提出过一些不无可能的解释，比如与粒子的快

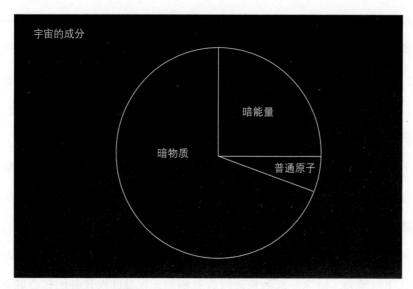

图5.8 宇宙的现有成分

速产生和消亡有关，遵循量子力学定律。但这些解释又会引出这样的结论：要么宇宙应该彻底被这种真空能量所支配，要么它带来的影响应该为零。其在宇宙的能量平衡中所占比例的重要性为何会与可见物质和不可见物质大致相当，目前还没有很好的理论能解释这个问题。这是个悬而未决的大问题。

然而，我们无须太过担心暗能量的存在。在太阳系乃至银河系中，暗能量对我们都没有明显的直接影响。它的间接影响更多一些，比如阻碍大星系团聚集到一起，因为它倾向于以更快的速度向外拉伸空间，从而阻止了引力在宇宙中聚集起越来越大的天体。虽然不知道它到底是什么，但它难免令人不安，表明我们对于空间的整个概念或许存在更严重的错误，对空间加以描述的物理定律亦然。有许多物理学家正在研究是否有这样一种可能性，即爱因斯坦的理论尚不完整。例如，该理论可能还需要经过改进，才能解释在万有引力极为微弱时，物质会有怎样的表现。这样的改进也许能模拟暗能量带来的影响。

为了协助解决这些难题，人们正在开展一项宏伟的计划，为21世纪20年代做好准备，以便更好地测量宇宙有史以来的膨胀速度，以及宏大的宇宙结构的膨胀速度。正在智利建造的大型综合巡天望远镜便是为完成这一任务而设计的望远镜之一，简称LSST。LSST确实会非常庞大，整台望远镜足有五层楼那么高，配备了8米口径的镜面来收集光。它的摄像头可以观测可见光，大小相当于一辆汽车，30亿像素的分辨率达到了单台数码相机的最高水平。这台巨无霸望远镜每隔几天就会扫描一次从智利能观察到的整片天空，可以观测数十亿个星系。它不仅对于理解暗能量是什么有极大的价值，对于观测天空中每天都在变化的宇宙事件（比如剧烈的恒星爆炸）同样大有裨益。它将会帮助我们更好地了解宇宙。

一些可靠的预测

根据对天空进行的所有观测，对我们地球上的人类而言，目前这一刻，宇宙已经形成了近140亿年，太阳系已经形成了大约50亿年。对于地球是何时形成的、如何形成的，我们现今已经有了合乎逻辑的想法，但对未来会发生什么感到好奇也属于人类的天性。幸运的是，物理定律十分可靠，可以借此做出很好的预测。对某些事情我们确有一定的把握。在接下来的100年左右，银河系内应该会有一颗超新星爆发，届时的场面会相当壮观，对于理解这些爆炸恒星的内部模式也会具有极其宝贵的价值。再过几十万年的某一刻，参宿四这颗红色恒星也会变成一颗超新星，在数天或数周内照耀着天空。人类某些幸运的后裔或许有机会目睹此景。

大约2亿年后，太阳系会完成环绕银河系旋转一周。到那时，地球上的夜空中那些熟悉的星座应当已经发生了变化。许多相邻的天体仍然会环绕在我们周围，但相对于这些毗邻恒星构成的背景，太阳却不会保持在绝对固定不变的位置。在这段时间内，地球无疑也可能会被穿过太阳系的大型岩质天体击中。

等到更为遥远的40亿年或50亿年后，太阳内核的燃料终将耗尽，它会膨胀为一颗红巨星。此后，太阳会以白矮星的形式走向生命的终点。在类似的时间尺度上，银河系也会首先吞噬掉麦哲伦星系，然后与仙女星系相撞，形成一个全新的椭圆星系。与仙女星系相撞几乎不会对地球产生什么影响，但太阳的膨胀却会造成严重的后果：地球要么会被吸入膨胀后的太阳，要么非常危险地靠近太阳边缘。届时，地球就会变成一个极不宜居的地方。而在此之前，太阳在其生命周期中也会变得越来越炽热，使地球上的生命面临艰难的处境。

我们尚且不知在久远得多的未来，宇宙是否仍会继续膨胀下去。目前看来似乎确实会如此，因为大体而言，所有星系之间的距离正变得越来越远。在遥远的将来，或许有那么一天，身处类似银河系这样的星系中的天文学家将无法再看见别的星系，因为随着空间以越来越快的速度膨胀，其余所有的星系都已从视野中消失了，在可观测宇宙中不见了踪影。幸运的是，那一刻尚未到来，目前宇宙仍在我们触手可及的范围之内。

结语 展望未来

在促进世人对宇宙及我们自身在宇宙中所处位置的理解方面，天文学界已经取得了长足的进展。一个世纪前，我们甚至不知道银河系之外还有其他星系存在，不知道恒星是如何发光的，也没有意识到空间正在膨胀，细思及此，实在感到不可思议。即便是在过去的20年间，针对一些基本的问题，如宇宙的年龄、围绕其他恒星运行的恒星系的性质、宇宙的基本组成部分等，我们的理解也已经有所转变。如今，我们可以将宇宙的演化历程一直追溯到将近140亿年前最初的时刻，也理解了星系、恒星和地球这样的行星是如何形成的。对于太空中万物的运行方式，我们的理解已经有了飞跃式的进步，这使得天文学随之发生了演变，以前是一门主要基于经验观察的实证科学，如今则扎根于我们在物理学方面对天空中所见的物体和现象更深入的理解。

这是天文学的黄金时代，充满了乐趣和可能性。新的发现无疑正近在眼前，这是一件最令人兴奋的事情。人们还会继续快速发现新的行星，也许很快就会有迹象表明地外生命存在的可能。毫无疑问，在接下来的几年里，我们会接收到更多的引力波信号，这些信号来自整个太空中黑洞和中子星的碰撞，会为我们提供一种观察和理解宇宙的新方式。希望再过不久，就能得知不可见的暗物质粒子到底为何物。在接下来的若干年间，预计我们终于可以见到宇宙中形成时间最早的那些星系。

我们之所以能够取得这些发现，是由于具备了性能卓越的新望远镜和不断提高的计算能力。有一些望远镜正在为未来10年做准备，它们可以观测到所有波长的光及引力波，既要为特定物体拍摄高清晰度的图像，也要对整个天空进行广泛观察。其中最突出的几台望远镜包括：用于测量无线电波的平方千米阵列、用于探测红外线的詹姆斯·韦伯空间望远镜，以及在可见光的波长范围内绘制天空图的大型综合巡天望远镜。为了解读这些数据，我们将会继续提高计算机的速度和运算能力，从而更好地模拟宇宙及宇宙中的物体。

还有一些新成果并非近在眼前，需要更长的时间才能实现。对一颗适宜生命存在的行星进行详尽的观察可能需要数十年时间，梳理银河系形成的完整历程也是如此。要理解宇宙为什么会膨胀得越来越快、最初是如何开始膨胀的，可能是个漫长的过程。但我们可以为了实现上述每一个目标而努力，因为完成这项工作是个持续的过程，每个人都在其中发挥着一点微小的作用。我们正站在科学界各位前辈的肩膀上，他们每一个人都曾以某种方式为支撑我们立足的基础添砖加瓦，让大家共同向上进一步攀登。

展望未来时，我们将工具和知识传授给自己的学生，为50年或100年之后可能会发生的事情拟订计划，并期望那些追随我们脚步的人能取得成功。虽然具有远见卓识，却未能实现自己梦寐以求的发现，这样的天文学家和物理学家在历史上比比皆是：哈雷始终未能目睹金星凌日；海耳一直没机会看到他那台宏伟的望远镜完工；兹威基从未见过引力透镜。但这些都不算是失败。这些科学家激励着年青一代沿着他们的道路继续前进，并为其提供所需的工具，帮助后来者取得属于自己的新发现。

当我们努力寻求新的发现时，过去的经验也告诉我们，对于宇宙和自然规律的认识可能在全局上仍需做出一些重大的调整。现有的观测结果无疑是真实的，目前所做的解读也具有一致性，但我们应该合理地假设，对于全局的认识未来可能还会发生某些变化。最令人激动的往往正是那些最出乎意料的发现，它们可以从根本上改变我们认为正确的观念，并最终引导人们更好地了解更广阔的世界。我们殷切地期待着这些发现的到来。

教育资源

本书中有大量的想法都是在NASA的教育工作者林赛·巴托隆和教师艾琳·莱文的帮助下，在获得NASA资助的"我们在太空中的位置"课程中提出的。该课程于2008年和2009年开展，属于普林斯顿大学QUEST教师职业发展项目的一部分，由教师培养项目加以管理。这些课程采用了哈佛－史密森尼天体物理学中心下属的宇宙论坛和许多其他科学教育工作者开发的教材。下面将详细介绍具体的例子。

——第一章所述的将太阳系按比例缩小的想法，源于盖伊·奥特威尔的《千码模型》（www.noao.edu/education/peppercorn）。

——第一章所述的将尺度越来越大的宇宙"疆域"缩小到相当于篮球场大小的空间的想法，借鉴的是宇宙论坛开发的"宇宙疆域"活动（www.cfa.harvard.edu/seuforum/mtu）。

——第二章所述的将恒星简化为四种类型的想法，来自阿德勒天文馆的教育家开发的2001年度"天文学联系：引力与黑洞"课程中提出的"恒星生命周期"活动。

——第四章所述的将宇宙想象为一根橡皮筋的想法，来自哈佛－史密森尼天体物理学中心的教育家为《宇宙问题教育家指南》开发的"为膨胀宇宙建模"活动（www.cfa.harvard.edu/seuforum/mtu/）。

参考文献

书目

Barrow John, *The Book of Nothing* (London: Vintage, 2001)

Begelman Mitchell & Martin Rees, *Gravity's Fatal Attraction: Black Holes in the Universe* (Cambridge: Cambridge University Press, 2009)

Close Frank, *Neutrino* (Oxford: Oxford University Press, 2012)

Coles Peter, *Cosmology: A Very Short Introduction* (Oxford: Oxford University Press, 2001)

Ferguson Kitty, *Measuring the Universe* (London: Headline, 1999)

Ferreira Pedro, *The State of the Universe* (London: Weidenfeld & Nicolson, 2006)

Ferreira Pedro, *The Perfect Theory* (London: Little Brown, 2014)

Freese Katherine, *The Cosmic Cocktail* (Princeton: Princeton University Press, 2014)

Haramundanis Katherine (ed), *Cecilia Payne- Gaposchkin* (Cambridge: Cambridge University Press, 1984)

Harvey Smith Lisa, *When Galaxies Collide* (Melbourne: Melbourne University Publishing, 2018)

Hawking Stephen, *A Brief History of Time* (New York: Bantam Books, 1988)

Hirshfield Alan, *Parallax* (New York: Freeman & Co., 2001)

Johnson George, *Miss Leavitt's Stars* (New York: W. W. Norton & Co., 2006)

Lemonick Michael, *Echo of the Big Bang* (Princeton: Princeton University Press, 2003)

Levin Janna, *Black Hole Blues* (New York: Alfred A. Knopf, 2016)

Levin Janna, *How the Universe got its Spots* (London: Weidenfeld & Nicolson, 2002)

Miller Arthur I., *Empire of the Stars* (London: Abacus, 2007)

Panek Richard, *The 4 Percent Universe* (Boston: Houghton Miffl in Harcourt, 2011)

Peebles P. James, Lyman Page & Bruce Partridge (Eds), Finding the Big Bang (Cambridge: Cambridge University Press, 2009)

Sobel Dava, *The Glass Universe* (London: Penguin, 2016)

Tyson Neil de Grasse, Michael Strauss & J. Richard Gott, *Welcome to the Universe* (Princeton: Princeton University Press, 2016)

Weinberg Steven, *The First Three Minutes* (New York: Basic Books, 1993)

Wulf Andrea, *Chasing Venus*, Knopf, 2012

期刊文章

下列文章中有许多都可以在网上免费获取，通过SAO/NASA天体物理学数据系统数字图书馆（adsabs.harvard.edu/abstract_service.html）或arXiv电子预印本服务（arxiv.org）便可找到。以下文章按本书中引用的顺序排列。

第一章　我们在太空中的位置

'A new method of determining the Parallax of the Sun', E. Halley, Phil. *Trans.*

R. Soc. Lond., Vol XXIX, No 348, 454 (1716) (p36 reference, translated from Latin)

'A low mass for Mars from Jupiter's early gas- driven migration', K. Walsh et al., *Nature*, 475, 206 (2011)

'Discovery of a Planetary- sized Object in the Scattered Kuiper Belt', M. Brown, C. Trujillo & D. Rabinowitz, *Astroph. Jour.*, 635, 97 (2005)

'Evidence for a Distant Giant Planet in the Solar System', M. Brown & K. Batygin, *Astroph. Jour.*, 151, 22 (2016)

'Gaia Data Release 2. Summary of the contents and survey properties', Gaia Collaboration, *Astron. & Astroph*, 616, A1 (2018)

'1777 variables in the Magellanic Clouds', H. S. Leavitt, *Annals of Harvard College Observatory*, 60, 87 (1908)

'Periods of 25 Variable Stars in the Small Magellanic Cloud', H. S. Leavitt, *Harvard College Observatory Circular*, 173, 1 (1912)

'Globular Clusters and the Structure of the Galactic System', H. Shapley, *Publ. Astron. Soc. Pac.*, 30, 173 (1919)

'NGC 6822, a remote stellar system', E. Hubble, *Astroph. Jour.*, 62, 409 (1925)

'Extragalactic Nebulae', E. Hubble, *Astroph. Jour.*, 64, 321 (1926)

'The Laniakea supercluster of galaxies', R. B. Tully, H. Courtois, Y. Hoff man & D. Pomerade, *Nature*, 513, 71 (2014)

第二章   我们来自恒星

'Spectra of bright southern stars', A. J. Cannon, *Annals of Harvard College Observatory*, 28, 129 (1901)

'On the Relation Between Brightness and Spectral Type in the Pleiades',

H. Rosenberg, *Astronomische Nachrichten,* 186, 71 (1910)

'Relations Between the Spectra and Other Characteristics of the Stars', H. N. Russell, *Popular Astronomy,* 22, 275 (1914)

'Stellar Atmospheres; a Contribution to the Observational Study of High Temperature in the Reversing Layers of Stars', C. Payne- Gaposchkin, Doctoral thesis, Radcliff e College (1925)

'The Internal Constitution of the Stars', A. *Eddington, The Observatory,* 43, 341 (1920)

'Energy Production in Stars', H. Bethe, *Phys. Rev.,* 55, 434 (1939)

'The Maximum Mass of Ideal White Dwarfs', S. Chandrasekhar, *Astroph. Jour.,* 74, 81 (1931)

'An extremely luminous X- ray outburst at the birth of a supernova', A. Soderberg et al., *Nature,* 453, 469 (2008)

'Cosmic rays from super- novae', W. Baade & F. Zwicky, Proc. *Natl. Acad. Sci.,* 20, 259 (1934)

'On Super- novae', W. Baade & F. Zwicky, Proc. *Natl. Acad. Sci.,* 20, 254 (1934)

'Energy Emission from a Neutron Star', F. Pacini, *Nature,* 216, 567 (1967)

'Observation of a Rapidly Pulsating Radio Source', A. Hewish, J. Bell, J. Pilkington, P. Scott & R. Collins, *Nature,* 217, 709 (1968)

'Die Feldgleichungen der Gravitation (The Field Equations of Gravitation)', A. Einstein, *Sitzungsberichte der Preussischen Akademie der Wissenschaften zu Berlin,* 844 (1915)

'Observation of Gravitational Waves from a Binary Black Hole Merger', LIGO and Virgo Collaborations, *Phys. Rev. Lett.,* 116, 061102 (2016)

'Discovery of a pulsar in a binary system', R. Hulse & J. Taylor, *Astroph. Jour.,*

195, L51 (1975)

'Multi- messenger Observations of a Binary Neutron Star Merger', B. Abbott et al., *Astroph. Jour. Lett.,* 848, L12 (2017)

'A planetary system around the millisecond pulsar PSR1257+12', *A. Wolszczan & D. Frail, Nature,* 355, 145 (1992)

'A Jupiter- mass companion to a solar- type star', M. Mayor & D. Queloz, *Nature,* 378, 355 (1995)

'Temperate Earth- sized planets transiting a nearby ultracool dwarf star', M. Gillon et al., *Nature,* 533, 221 (2016)

第三章　见不可见

'Die Rotverschiebung von extragalaktischen Nebeln (The redshift of extragalactic nebulae)', F. Zwicky, Helvetica Physica Acta, 6, 110 (1933) *[Republished in English translation in Gen. Rel. Gravit.,* 41, 207 (2009)]

'Extended rotation curves of high- luminosity spiral galaxies', V. Rubin, *K. Ford & N. Thonnard, Astroph. Jour. Lett.* 225, L107 (1978)

'The size and mass of galaxies, and the mass of the universe', P. J. Peebles, J. Ostriker, A. Yahil, *Astroph. Jour.,* 193, L1 (1974)

'Survey of galaxy redshifts. II – The large scale space distribution', M. Davis, J. Huchra, D. Latham & J. Tonry, *Astroph. Jour.,* 253, 423 (1981)

'The evolution of large- scale structure in a universe dominated by cold dark matter', M. Davis, G. Efstathiou, C. Frenk & S. White, *Astroph. Jour.,* 292, 371 (1985)

'First results from the IllustrisTNG simulations: matter and galaxy clustering',

V. Springel et al., *Mon. Not. Roy. Astron. Soc.*, 475, 676 (2018)

'A Determination of the Defl ection of Light by the Sun's Gravitational Field, from Observations Made at the Total Eclipse of May 29', F. Dyson, A. Eddington & C. Davidson, *Phil. Tran. Roy. Soc.*, 220, 291 (1920)

'Lens- Like Action of a Star by the Deviation of Light in the Gravitational Field', *A. Einstein, Science,* 84, 506 (1936)

'On the Masses of Nebulae and of Clusters of Nebulae', *F. Zwicky, Astroph. Jour.,* 86, 217 (1937)

'0957 + 561 A, B – Twin quasistellar objects or gravitational lens', D. Walsh, *R. Carswell & R. Weymann, Nature,* 279, 381 (1979)

'Multiple images of a highly magnifi ed supernova formed by an early- type cluster galaxy lens', *P. Kelly, Science,* 347, 1123 (2015)

'Detection of the Free Neutrino: a Confi rmation', C. Cowan, F. Reines, F. Harrison, *H. Kruse & A. McGuire, Science,* 124, 103 (1956)

'Solar Neutrinos: A Scientifi c Puzzle', *J. Bahcall & R. Davis, Science,* 191, 264 (1976)

'Evidence for Oscillation of Atmospheric Neutrinos', *Super-Kamiokande Collaboration, Phys. Rev. Lett.,* 81, 1562 (1998)

'Direct Evidence for Neutrino Flavor Transformation from Neutral- Current Interactions in the Sudbury Neutrino Observatory', SNO Collaboration, *Phys. Rev. Lett.,* 89, 011301 (2002)

'A Direct Empirical Proof of the Existence of Dark Matter', D. Clowe et al., *Astroph. Jour.,* 648, L109 (2006)

第四章 空间的本质

'Über die Krümmung des Raumes (On the curvature of space)', A. Friedmann, *Zeitschrift für Physik*, 10, 377 (1922)

'Un Univers homogène de masse constante et de rayon croissant rendant compte de la vitesse radiale des nébuleuses extra-galactiques (A homogeneous universe of constant mass and increasing radius accounting for the radial velocity of extra-galactic nebulae)', G. Lemaître, *Annales de la Société Scientifi que de Bruxelles*, A47, 49 (1927) [Partial translation in *Mon. Not. Roy. Astron. Soc.,* 91, 483- 490 (1931)]

'Spectrographic Observations of Nebulae', V. Slipher, *Popular Astronomy*, 23, 21 (1915)

'A Relation between Distance and Radial Velocity among Extra- Galactic Nebulae', E. Hubble, *Proc. Natl. Acad. Sci.,* 15, 168 (1929)

'The extragalactic distance scale. VII – The velocity- distance relations in diff erent directions and the Hubble ratio within and without the local supercluster', G. de Vaucouleurs & G. Bollinger, *Astroph. Jour.,* 233, 433 (1979)

'Steps toward the Hubble constant. VIII – The global value', A. Sandage & G. Tammann, *Astroph. Jour.,* 256, 339 (1982)

'Final Results from the Hubble Space Telescope Key Project to Measure the Hubble Constant', W. Freedman et al., *Astroph. Jour.,* 553, 47 (2001)

'Evolution of the Universe', *R. Alpher* & *R. Herman, Nature,* 162, 774 (1948)

'A Measurement of Excess Antenna Temperature at 4080 Mc/s', A. Penzias & R. Wilson, *Astroph. Jour.,* 142, 419 (1965)

'Cosmic Black- Body Radiation', R. Dicke, P. J. Peebles, P. Roll & D. Wilkinson, *Astroph. Jour.,* 142, 414 (1965)

'Infl ationary universe: A possible solution to the horizon and fl atness problems', A. Guth, *Phys. Rev. D*, 23, 347 (1981)

'Bouncing cosmology made simple', A. Ijjas & P. Steinhardt, *Class. Quantum Grav.*, 35, 135004 (2018)

'A fl at Universe from high- resolution maps of the cosmic microwave background radiation', F. de Bernardis et al., *Nature*, 404, 955 (2000)

'MAXIMA-1: A Measurement of the Cosmic Microwave Background Anisotropy on Angular Scales of 10'-5°', *S. Hanany et al. Astroph. Jour.*, 545, L5 (2000)

第五章　自始至终

'The Origin of Chemical Elements', R. A. Alpher, H. Bethe & G. Gamow, *Phys. Rev.*, 73, 803 (1948)

'Primeval Helium Abundance and the Primeval Fireball', P. J. Peebles, *Phys. Rev. Lett.*, 16, 410 (1966)

'Cosmic Black- Body Radiation and Galaxy Formation', *J. Silk, Astroph. Jour.*, 151, 459 (1968)

'Primeval Adiabatic Perturbation in an Expanding Universe', P. J. E. Peebles & J. Yu, *Astroph. Jour.*, 162, 815 (1970)

'Structure in the COBE diff erential microwave radiometer fi rst- year maps', G. Smoot, C. Bennett, A. Kogut, E. Wright et al., *Astroph. Jour.*, 396, L1 (1992)

'Massive Black Holes as Population III Remnants', P. Madau & M. Rees, *Astroph. Jour.*, 551, L27 (2001)

'On the Density of Neutral Hydrogen in Intergalactic Space', J. Gunn & B. Peterson, *Astroph. Jour.*, 142, 1633 (1965)

'Evidence for Reionization at z ~ 6: Detection of a Gunn- Peterson Trough in a z=6.28 Quasar', R. Becker et al., *Astron. Jour.,* 122, 2850 (2001)

'Galaxy correlations on large scales', S. Maddox, G. Efstathiou, W. Sutherland & J. Loveday, *Mon. Not. Roy. Astron. Soc,* 242, 43 (1990)

'Observational Evidence from Supernovae for an Accelerating Universe and a Cosmological Constant', A. Riess et al., *Astroph. Jour.,* 116, 1009 (1998)

'Measurements of Ω and Λ from 42 High- Redshift Supernovae', S. Perlmutter et al., *Astroph. Jour.,* 517, 565 (1999)

'The cosmological constant and cold dark matter', G. Efstathiou, W. Sutherland & S. Maddox, *Nature,* 348, 705(1990)

'First- Year Wilkinson Microwave Anisotropy Probe (WMAP) Observations: Determination of Cosmological Parameters', D. Spergel et al., *Astroph. Jour. Supp.,* 148, 175 (2003)

致谢

　　这本书的出版归功于我的朋友兼经纪人丽贝卡·卡特。她把一个想法变成了现实，引导和鼓励我写作。企鹅出版社的克洛伊·柯瑞斯和汤姆·佩恩，以及哈佛大学出版社的伊恩·马尔科姆，都是能力非常出众的编辑。他们的许多建议使这本书变得更好，我特别感谢克洛伊引导我完成了这本书。还要感谢我的美国经纪人艾玛·帕里，以及企鹅出版社优秀的制作团队。

　　我感谢大学里的朋友们，他们问我有关太空的问题，帮助我发现解释宇宙奇迹的乐趣。我在写作的时候想到了他们，尤其是汤姆·哈维、卢·奥利弗和丹·史密斯。我还要感谢我访问过的学校的学生和参加过我的公开讲座的人，感谢他们提出了这么好的问题。本书中许多简化概念的想法，都来自2008年我在普林斯顿大学与理科教员艾琳·莱文共同讲授的一门天文学教师强化课程，这门课程得到了教育家林赛·巴尔托洛内的指导。感谢大卫·斯佩格尔鼓励我这么做。

　　我很感谢牛津大学物理系，我在那里工作到2016年，是它让公众对科学的参与成为我们学术生活的一个组成部分。牛津大学的佩德罗·费雷拉告诉我，在进行研究的同时写作是可能的。安德烈·伍尔夫向我介绍了金星凌日探险的精彩故事。我感谢我的同事和天文学家们的想法和评论，包括内塔·巴考尔、乔治·艾夫斯塔休、瑞安·福利、温迪·弗里德曼、帕特里克·凯利、吉姆·皮布尔斯、迈克尔·斯特劳斯、乔·泰勒和乔希·温。如果没有普林斯顿大学天体物理学专业研究生的宝贵投入，这本书就不会完成。戈尼·哈勒维、布丽安娜·拉西、卢克·布马、约翰尼·格雷克、齐阿纳·亨特、路易斯·约翰逊、克里斯蒂娜·克赖施、拉克伦·兰开斯特和大卫·瓦尔塔尼扬都帮助我检查细节并提出改进的建议。剩下的错误都是属于我个人的。

　　在我丈夫法拉·达博伊瓦拉的支持下，我兼顾研究、写作和抚养孩子才成为可能，他自己的写作成就激励我去尝试。他和我的女儿们使我的生活更加快乐，他们是我的宇宙。